학습지는 기탄! 학습효과가 말해 줍니다

기탄은 20여 년 가까이 어린이 교육만 생각했습니다

기탄은 어린이의 기초실력을 탄탄하게 키우겠다는 의지를 담아 회사의 이름을 '기초 탄탄'의 줄임말인 '기탄'으로 삼은 이래, 20여 년 가까이 유아와 초등학생용 학습교재 개발에만 일념을 다했습니다. 그 결과 「기탄학습지」는 기존에 서점에는 없었던 단계별 프로그램식 학습지를 제일 처음 선보이며 학부모님들로부터 최고의 학습지로 인정받게 되었습니다.

학습지의 명품, 따라한다고 그 학습효과와 가치까지 흉내 낼 수 없습니다

기탄의 학습지 시리즈가 학부모님들로부터 큰 호평을 받으면서, 최근 서점에는 기탄과 유사한 학습지들이 쏟아져 나오고 있습니다. 비슷한 모양과 체제를 본뜨기는 쉽지만 결코 체계적으로 설계된 기탄학습지의 학습효과와 가치까지 흉내 낼 수는 없습니다. 이미 다른 학습지와 꼼꼼히 비교해 보신 학부모님들은 왜 기탄학습지가 여전히 학부모 선택 1위인지 아십니다. 학습지의 명품, 「기탄학습지」는 그 학습효과와 가치가 다릅니다.

국민학습지 기탄! 오늘부터 아이와 함께 시작하세요!

이제 기탄으로 매일 하루 10분, 자녀의 학습을 돌봐 주시는 학부모님들이 많아졌습니다. 규칙적인 공부습관을 길러 주고, 실력은 더욱 탄탄해진다는 입소문이 기탄을 국민학습지로 만들었습니다. 엄마선생님들의 입소문이 증명한 최고의 학습효과, 이제 국민학습지 기탄으로 눈에 띄게 달라지는 자녀의 학습 성적을 받아 보세요!

수백만 엄마선생님이 선택한 기탄학습지

- **수학학습지** : 기탄수학, 기탄사고력수학
- **국어학습지** : 기탄한글, 기탄국어
- **한자학습지** : 기탄한자, 기탄급수한자빨리따기(8~4급)
- **영어학습지** : 기탄영어, 퀵 앤 이지 파닉스, 영단어 암기끝!
- **중국어학습지** : 기탄뿌뿌중국어

엄마표 학습지는 단연 기탄입니다

이제 기탄으로 대표되는 엄마표 학습지가 대세입니다

학습지 하면 으레 방문학습지를 떠올리던 때가 있었습니다. 한 과목당 3~4만 원선으로 주요 과목을 모두 학습하려면 월 10만 원이 훌쩍 넘어 교육비 지출도 만만치 않았습니다. 그러나 서점에서 손쉽게 구입한 체계적인 프로그램의 기탄학습지로 교육비 부담은 줄이고, 높은 학습효과를 경험하신 많은 학부모님들께서 서서히 변화하기 시작했습니다. 이제 학습지 하면, 기탄으로 대표되는 '엄마표 학습지', '엄마표 교육'이 학습 트렌드입니다.

엄마에 의한, 엄마와 함께 시작한 교육 혁명!

오늘의 기탄은 「기탄학습지」로 직접 공부시켜 본 학부모님들의 입소문으로 그 명성과 신뢰를 쌓았습니다. 기탄은 엄마표 교육의 성공을 위해 학습지를 효과적으로 지도할 수 있는 지도지침서와 꼭 필요한 다양한 학습 자료를 제작하여 많은 가정에 무료로 드렸습니다. 그 결과 기탄으로 엄마표 교육에 자신감을 얻어 뚜렷한 학습효과를 보신 학부모님들께서 기탄의 홍보대사를 자처하셨습니다. 엄마에 의한, 엄마와 함께 시작한 교육 혁명! 이제 기탄은 서점 학습지를 넘어 '내 아이의 선생님은 엄마'라는 새로운 교육환경의 패러다임을 만들었습니다.

기탄학습지의 바탕은 부모님의 사랑입니다

「기탄학습지」는 부모님의 사랑을 바탕으로 학습하는 교재입니다. 미국 조지워싱턴 대학의 스탠리 그린스팬 교수의 연구논문에 따르면, 지적 능력은 마음(사랑)과 머리의 연결을 통해 이루어진다고 합니다. 자녀교육을 남에게만 맡기지 마십시오. 부모만이 자녀의 인생을 성공적으로 이끌 수 있는 최고의 프로듀서입니다. 지도교사가 필요하지 않은 학습, 부모의 사랑을 바탕으로 학습하는 교재, 바로 「기탄학습지」가 추구하는 학습문화입니다.

왜, 기탄이 엄마들 사이에서 인기일까요

서점에 가셔서 기탄의 명성을 직접 확인해 보세요

서점 학습지 1위의 위상은 어디서나 쉽게 확인하실 수 있습니다. 전국 유명 서점이나 대형 마트 어느 곳에 가셔서 확인해 보아도 「기탄학습지」는 가장 잘 보이는 곳, 가장 넓은 서가를 차지하며 대우받고 있음을 바로 알 수 있습니다. 또, 주위의 학부모님들과 상의해 보셔도 유아와 초등학생을 위한 학습지는 단연 기탄이라고 말씀하십니다. 기탄은 교육 트렌드를 가장 발 빠르게 받아들이는 엄마들 사이에서도 학원이나 과외를 받더라도 꼭 해야 하는 필수학습지로 자리 잡았습니다.
지금 당장 가까운 서점이나 대형 마트에서 「기탄학습지」를 만나보십시오.

기초 탄탄한 교육, 기초 탄탄한 학습 – 기탄!

기탄은 체계적인 프로그램으로 매일 10분씩 꾸준히 학습하면, 기초실력이 탄탄해지며 학습성적도 좋아집니다. 기초실력이 탄탄해진 어린이들은 공부에 대한 자신감이 생기고, 스스로 학습목표를 설정하고, 계획하며 실천하는 힘까지 길러 줍니다. 이러한 자기주도적 학습은 상급학년으로 올라갈수록 필요한 경쟁력이며, 공부하는 가장 기초적인 힘이 됩니다. 스스로 공부를 찾아서 하는 아이들, 이것이 바로 기초실력의 힘, 「기탄학습지」의 효과입니다.

구입하기 쉽고, 밀리지 않고, 학습효과가 뛰어난 학습지 – 기탄!

유명 서점이나 대형 마트 어느 곳에서든 「기탄학습지」를 쉽게 구입할 수 있습니다. 가까운 곳에 서점이 없거나 구하기 어려운 분은 전화 02)586-1007 또는 기탄 인터넷 쇼핑몰(www.gitan.co.kr)로 주문하시면 됩니다. 누구나 손쉽게 구입하여 자녀의 학습을 효과적으로 돌볼 수 있는 프로그램식 학습지! 가장 대표적인 교재가 「기탄학습지」입니다. 엄마가 직접 학습 진도를 조절할 수 있기 때문에 학습지 밀릴 걱정이 없고, 유아 단계부터 초등 단계까지 교재 내용 전체를 서점에서 꼼꼼히 비교할 수 있기 때문에 아이 수준에 꼭 맞는 단계를 선택할 수 있습니다. 구입하기 쉽고, 밀리지 않는 학습지, 전체 학습 프로그램을 한눈에 확인할 수 있는 학습지가 바로 「기탄학습지」입니다.

〈기탄수학〉은 단계별·능력별 프로그램식 학습지로 수학의 기초를 탄탄하게 쌓아 줍니다

1. 수학의 기초인 연산력을 탄탄하게 키워 주는 프로그램식 학습지

기탄수학은 단순히 '알고 있다'가 아니라 100점을 받을 수 있는 실력을 갖추도록 스몰스텝(Small Step) 방식에 의해 치밀하고 과학적으로 설계된 프로그램식 학습지로, 점진적인 반복 학습에 의해 기초 다지기와 선수학습이 동시에 이뤄집니다. 똑같이 만들 수는 있어도 과학적인 학습시스템까지 같을 수는 없습니다.

2. 유아부터 예비 중 3까지 세분화된 개인별 수준별 맞춤학습

기탄수학은 나이와 학년에 관계없이 자녀의 능력과 수준에 적합한 교재로 학습할 수 있습니다. 단계별, 능력별로 체계화 되어 있어 자녀에게 자신감을 심어줘 수학학습에 대한 지속적인 흥미를 갖도록 학습동기를 유발합니다. 지루하지 않게 조금씩 규칙적으로 공부하는 습관, 바로 기탄수학의 맞춤학습에 있습니다.

3. 명확한 학습목표 제시로 높은 학습성취도

각 단계, 각 교재별로 매주 학습내용을 전체 학습목표에 맞춰 세부적으로 명확하게 제시하므로 짧은 시간에도 효율적인 공부와 높은 학습효과를 얻을 수 있습니다. 또한 자녀에게 부족한 학습영역이 무엇인지 파악하기가 쉬워 학습성과를 올바르게 평가할 수 있습니다.

4. 성취도 테스트 · 종료 테스트(C~M단계)로 철저한 보완학습

각 장마다 도입된 표준완성시간 평가시스템으로 자녀의 학습능력을 정확하게 파악할 수 있으며, 각 집, 각 단계의 학습이 끝날 때마다 실시되는 성취도 테스트와 종료 테스트로 학습성취도를 평가할 수 있습니다. 이러한 다양한 학습테스트를 통해 자녀들은 부족한 학습을 철저하게 보완학습합니다.

5. 특별부록 4분 문장제 학습(C~M단계)으로 연산력과 사고력을 동시에!

일상생활에서 일어나는 여러 가지 상황을 수학적으로 해석하고 문제를 풀 수 있도록 수학적으로 사고하는 능력을 길러 줍니다. 또한 학습한 연산력을 문장제 문제에 적용한 특별부록 4분 문장제 학습으로 연산력은 물론 사고력까지 동시에 길러 줍니다.

학부모님! 기탄수학은
이렇게 지도해 주세요

1. 우리 아이 수준보다 약간 낮은 단계부터 시작하세요.

교재는 어린이가 자신 있게 풀 수 있는 단계부터 시작합니다. 더하기, 빼기 과정부터는 나이와 학년에 관계없이 학습자가 자신 있게 100점을 맞을 수 있는 단계의 교재부터 시작해야 암산력과 계산력도 기르고, 필산력도 향상시킬 수 있습니다. 즉 처음 시작할 때는 어린이의 능력보다 한, 두 단계 낮추어서 시작하는 것이 효과적입니다.

2. 매일 일정한 시간에 규칙적인 학습 습관을 갖도록 지도하세요.

교재는 매일 일정한 시간에 규칙적으로, 집중해서 한 번에 3장씩 풀도록 합니다. 가능하면 교재 매 장에 정해져 있는 교재 1장을 완벽하게 푸는 데 소요되는 최소한의 요구 시간인 표준완성시간 이내에 완전 학습이 이루어지도록 지도합니다.

3. 채점은 매일하고, 주별 학습 일정 관리표를 작성하세요.

매일 교재를 풀고, 채점과 풀이 과정을 꼭 체크해야 합니다. 틀린 답 발견 시, 그 옆에 정답을 적어 다음에 같은 실수를 되풀이하지 않게 합니다. 채점 후, 교재의 주별 학습 일정 관리표에 오답 수와 문제 풀이 소요 시간을 기록하고 오답의 유형을 분석하여 그 부분을 집중적으로 지도합니다.

4. 성취도 테스트 · 종료 테스트(C~M단계)를 통해 학습 점검은 꼼꼼히 해 주세요.

교재 한 집이 끝나면 성취도 테스트를, 한 단계가 다 끝나면 종료 테스트를 실시합니다. 이때, 어머니의 감독하에 실시하고 정답 수를 기록한 다음, 학습 능력 평가표를 참조해 주십시오. 그래야만 자녀의 능력이 어느 정도인지, 부족한 부분은 무엇인지 결손 부분을 파악, 지도 점검을 할 수 있습니다.

5. 교재 수료 후에도 지속적인 반복 학습이 필요합니다.

수학 과목의 성적을 높이는 가장 좋은 방법은 복습(학습량의 70% 정도), 즉 지속적인 반복 학습 여부에 달려 있습니다. 따라서 본 교재를 수료했다고 하여 연산력 완성을 의미하는 것이 아니라는 것을 명심하고, 매일 규칙적으로 반복 학습하게 합니다.

A 단계 교재

학습 목표

유아들이 처음 시작하는 단계로 30까지의 수를 세고, 읽을 수 있도록 학습하며 수의 배열도 이해하도록 합니다. 또, 선 긋기, 점 잇기, 길 따라 가기 등의 학습으로 숫자와 글자 쓰는 데 필요한 능력인 운필력, 작업력, 집중력을 기르는 것을 목표로 학습합니다.

〈유아〉

교재	교재번호	학습 내용
A-1 교재	교재번호 1~15	· 5까지의 개수 세기
	교재번호 16~30	· 5까지의 숫자 세기
	교재번호 31~45	· 10까지의 숫자 세기
	교재번호 46~60	· 10까지의 동그라미 수 세기
A-2 교재	교재번호 61~75	· 20까지의 숫자 세기
	교재번호 76~90	· 30까지의 숫자 세기
	교재번호 91~105	· 20까지의 동그라미 수 세기
	교재번호 106~120	
A-3 교재	교재번호 121~135	· 가로, 세로 직선 긋기
	교재번호 136~150	· 사선 긋기
	교재번호 151~165	· 곡선 긋기
	교재번호 166~180	· 사물 모양 잇기
A-4 교재	교재번호 181~195	· 사물 모양 잇기
	교재번호 196~210	· 여러 가지 곡선 긋기
	교재번호 211~225	· 길 찾기
	교재번호 226~240	· 점선 따라 똑같이 그리기
A-5 교재	교재번호 241~255	· 점선 따라 똑같이 그리기
	교재번호 256~270	· 점 잇기
	교재번호 271~285	· 숫자 따라 선 긋기
	교재번호 286~300	

(1장 표준완성시간 30초~2분)

B

교재별 학습 내용

학습 목표

A단계에서 익힌 능력을 토대로 200까지의 숫자 쓰기 연습을 합니다. 또, 다음 C과정부터 시작되는 덧셈 학습에 필요한 수의 성질과 순서성을 이해하는 것을 목표로 학습합니다.

단계 교재

〈유아〉

교재	교재번호	학습 내용
B-1 교재	교재번호 1~15	· 10까지의 숫자 그리기
	교재번호 16~30	· 10까지의 숫자 쓰기
	교재번호 31~45	· 세어 보고 맞는 수 이어 보기(10까지의 수)
	교재번호 46~60	· 세어 보고 맞는 수 쓰기

교재	교재번호	학습 내용
B-2 교재	교재번호 61~75	· 10까지의 수 이해와 숫자 쓰기 · 동그라미 세어 보고 숫자 쓰기 · 같은 수끼리 이어 보기 · 세어 보고 더 많은 것에 ○표 하기 · 빈칸에 알맞은 숫자 써넣기
	교재번호 76~90	
	교재번호 91~105	
	교재번호 106~120	

교재	교재번호	학습 내용
B-3 교재	교재번호 121~135	· 10개씩 묶어 보기
	교재번호 136~150	· 동그라미 세어 보고 숫자 쓰기
	교재번호 151~165	· 빈칸에 알맞은 숫자 써넣기
	교재번호 166~180	· 20까지의 수 이해와 숫자 쓰기

교재	교재번호	학습 내용
B-4 교재	교재번호 181~195	· 20까지의 동그라미 수 세어서 쓰기 · 수만큼 사물의 수 묶기 · 수만큼 동그라미 수 묶기
	교재번호 196~210	
	교재번호 211~225	
	교재번호 226~240	

교재	교재번호	학습 내용
B-5 교재	교재번호 241~255	· 30까지의 수 이해와 숫자 쓰기 · 50까지의 수 이해와 숫자 쓰기 · 70까지의 수 이해와 숫자 쓰기 · 100까지의 수 이해와 숫자 쓰기 · 200까지의 수 이해와 숫자 쓰기
	교재번호 256~270	
	교재번호 271~285	
	교재번호 286~300	

(1장 표준완성시간 30초~2분)

C 단계 교재

교재별 학습 내용

학습 목표

B단계에서 익힌 숫자 쓰기 능력을 토대로, 더하기 1~4의 덧셈 연습으로 덧셈의 기본 개념을 익히는 것을 목표로 학습합니다.

〈유아 · 초1〉

C-1 교재

교재번호 1~15	· 더하기 1의 이해 · 다음의 수와 더하기 1 (1~10)+1 (1~19)+1 (1~100)+1 (1~1000)+1
교재번호 16~30	
교재번호 31~45	
교재번호 46~60	
1과정 성취도 테스트	

C-2 교재

교재번호 61~75	· 더하기 2의 이해 · 더하기 2 (1~8)+2, (1~17)+2 (1~22)+2, (1~35)+2 (1~45)+2
교재번호 76~90	
교재번호 91~105	
교재번호 106~120	
2과정 성취도 테스트	

C-3 교재

교재번호 121~135	· 더하기 3의 이해 · 더하기 3 (1~9)+3, (1~16)+3 (1~26)+3, (1~36)+3 · 10의 보수 만들기
교재번호 136~150	
교재번호 151~165	
교재번호 166~180	
3과정 성취도 테스트	

C-4 교재

교재번호 181~195	· 더하기 4 (1~10)+4, (1~15)+4 (1~19)+4, (1~26)+4 · 10의 보수 만들기
교재번호 196~210	
교재번호 211~225	
교재번호 226~240	
4과정 성취도 테스트	

C-5 교재

교재번호 241~255	· 더하기 4까지 종합 학습 (1~6)+4까지, (1~9)+4까지 (1~16)+4까지, (1~19)+4까지
교재번호 256~270	
교재번호 271~285	
교재번호 286~300	
C교재 종료 테스트	

(1장 표준완성시간 1~2분)

D 단계 교재

교재별 학습 내용

학습 목표

C단계에서 익힌 더하기 4까지의 계산 능력을 토대로 더하기 5부터 더하기 10까지의 덧셈 훈련을 통하여, 계산 능력에 필수적인 기본 암산력을 키우는 것을 목표로 학습합니다.

〈유아 · 초1〉

D-1 교재

교재번호	학습 내용
교재번호 1~15	· 더하기 5 (1~9)+5, (1~14)+5, (1~19)+5
교재번호 16~30	
교재번호 31~45	· 더하기 6 (1~13)+6, (1~19)+6
교재번호 46~60	
1과정 성취도 테스트	

D-2 교재

교재번호	학습 내용
교재번호 61~75	· 더하기 7 (1~9)+7, (1~19)+7, (1~23)+7
교재번호 76~90	
교재번호 91~105	· 더하기 8 (1~9)+8, (1~19)+8, (1~22)+8
교재번호 106~120	
2과정 성취도 테스트	

D-3 교재

교재번호	학습 내용
교재번호 121~135	· 더하기 9 (1~9)+9, (1~15)+9, (1~21)+9
교재번호 136~150	
교재번호 151~165	· 더하기 10 (1~9)+10, (1~15)+10, (1~20)+10
교재번호 166~180	
3과정 성취도 테스트	

D-4 교재

교재번호	학습 내용
교재번호 181~195	· 더하기 5~10 종합 19까지의 수+(5~6) 19까지의 수+(7~8) 19까지의 수+(9~10) 19까지의 수+(5~10)
교재번호 196~210	
교재번호 211~225	
교재번호 226~240	· 큰 수 덧셈
4과정 성취도 테스트	

D-5 교재

교재번호	학습 내용
교재번호 241~255	· 큰 수 덧셈 두 수의 합이 15 이하인 덧셈 두 수의 합이 20 이하인 덧셈 두 수의 합이 25 이하인 덧셈 두 수의 합이 30 이하인 덧셈 두 수의 합이 35 이하인 덧셈 두 수의 합이 40 이하인 덧셈
교재번호 256~270	
교재번호 271~285	
교재번호 286~300	· D교재 덧셈 종합
D교재 종료 테스트	

(1장 표준완성시간 1~2분)

E

교재별 학습 내용

학습 목표

D단계에서 기른 기본적인 암산력을 토대로 빼기 10까지의 기본적인 뺄셈을 학습하고, 그동안 연습한 덧셈과 뺄셈의 학습을 통해서 암산력을 완성하는 것을 목표로 학습합니다.

단계 교재

〈초1〉

E-1 교재

교재번호 1~15	· 빼기의 이해(1 작은 수)
교재번호 16~30	· 빼기 1 (1~12)-1
교재번호 31~45	· 빼기 2 (1~13)-2 · 빼기 3 (1~15)-3
교재번호 46~60	· (1~15)-3까지 연습
1과정 성취도 테스트	

E-2 교재

교재번호 61~75	· 빼기 4~10 (1~15)-4, (1~15)-5
교재번호 76~90	(1~15)-6, (1~15)-7
교재번호 91~105	(1~15)-8, (1~15)-9
교재번호 106~120	· (1~15)-10까지 연습
2과정 성취도 테스트	

E-3 교재

교재번호 121~135	· 16까지의 수에서 빼기
교재번호 136~150	(11~12)-11, (13~14)-13, (15~16)-15
교재번호 151~165	· (1~16)-15까지 연습
교재번호 166~180	
3과정 성취도 테스트	

E-4 교재

교재번호 181~195	· 25까지의 수에서 빼기
교재번호 196~210	(17~19)-17, (20~22)-20, (23~25)-23
교재번호 211~225	· (1~25)-24까지 연습
교재번호 226~240	
4과정 성취도 테스트	

E-5 교재

교재번호 241~255	· 덧셈과 뺄셈 총정리(C~E교재)
교재번호 256~270	
교재번호 271~285	
교재번호 286~300	
E교재 종료 테스트	

(1장 표준완성시간 1~2분)

F

교재별 학습 내용

학습 목표

E단계에서 기른 암산력을 토대로, 덧셈과 뺄셈의 세로셈 훈련을 통해서 필산력을 완성하는 것을 목표로 학습합니다.

단계 교재

〈초2〉

F-1 교재

교재번호	학습 내용
교재번호 1~15	· 합이 99까지의 덧셈(세로셈) (받아올림이 없는 두 자리 수+한 자리 수) (받아올림이 없는 두 자리 수+두 자리 수) (받아올림이 있는 두 자리 수+한 자리 수) (받아올림이 있는 두 자리 수+두 자리 수)
교재번호 16~30	
교재번호 31~45	
교재번호 46~60	
1과정 성취도 테스트	

F-2 교재

교재번호	학습 내용
교재번호 61~75	· 두 자리 수의 덧셈 (십의 자리에서 받아올림이 있는 셈) · 두 자리 수의 덧셈 종합
교재번호 76~90	
교재번호 91~105	
교재번호 106~120	
2과정 성취도 테스트	

F-3 교재

교재번호	학습 내용
교재번호 121~135	· 세 자리 수의 덧셈 (세 자리 수+한 자리 수, 두 자리 수, 세 자리 수)
교재번호 136~150	· 네 자리 수의 덧셈 (네 자리 수+한 자리 수, 두 자리 수, 세 자리 수, 네 자리 수)
교재번호 151~165	
교재번호 166~180	· 세 자리 수, 네 자리 수의 덧셈 종합
3과정 성취도 테스트	

F-4 교재

교재번호	학습 내용
교재번호 181~195	· 한 자리 수의 뺄셈, 두 자리 수의 뺄셈 (받아내림이 없는 두 자리 수−한 자리 수) (받아내림이 없는 두 자리 수−두 자리 수) (받아내림이 있는 두 자리 수−한 자리 수) (받아내림이 있는 두 자리 수−두 자리 수)
교재번호 196~210	
교재번호 211~225	
교재번호 226~240	· 두 자리 수의 뺄셈 종합
4과정 성취도 테스트	

F-5 교재

교재번호	학습 내용
교재번호 241~255	· 세 자리 수의 뺄셈 (세 자리 수−한 자리 수, 두 자리 수, 세 자리 수)
교재번호 256~270	· 네 자리 수의 뺄셈 (네 자리 수−한 자리 수, 두 자리 수, 세 자리 수, 네 자리 수)
교재번호 271~285	
교재번호 286~300	· 세 자리 수, 네 자리 수의 뺄셈 종합
F교재 종료 테스트	

(1장 표준완성시간 2~3분)

G

학습 목표

곱셈구구를 이용, 곱셈과 나눗셈의 기초적인 계산력을 배양하는 것을 목표로 학습합니다.

단계 교재

〈초3〉

G-1 교재

교재번호 1~15	· 2~5단의 곱셈구구
교재번호 16~30	· 5단까지의 곱셈구구 종합
교재번호 31~45	· 6~9단의 곱셈구구
교재번호 46~60	· 9단까지의 곱셈구구 종합
1과정 성취도 테스트	

G-2 교재

교재번호 61~75	· 두 자리 수의 곱셈 (두 자리 수×한 자리 수)
교재번호 76~90	
교재번호 91~105	
교재번호 106~120	
2과정 성취도 테스트	

G-3 교재

교재번호 121~135	· 세 자리 수의 곱셈(세 자리 수×한 자리 수) · 네 자리 수의 곱셈(네 자리 수×한 자리 수) · 두 자리 수의 곱셈(두 자리 수×두 자리 수)
교재번호 136~150	
교재번호 151~165	
교재번호 166~180	
3과정 성취도 테스트	

G-4 교재

교재번호 181~195	· 나눗셈의 기초(구구의 역) · 나머지가 있는 나눗셈 (두 자리 수÷한 자리 수)
교재번호 196~210	
교재번호 211~225	
교재번호 226~240	
4과정 성취도 테스트	

G-5 교재

교재번호 241~255	· 두 자리 수의 나눗셈 (두 자리 수÷한 자리 수) · 세 자리 수의 나눗셈 (세 자리 수÷한 자리 수)
교재번호 256~270	
교재번호 271~285	
교재번호 286~300	
G교재 종료 테스트	

(1장 표준완성시간 2~3분)

H

교재별 학습 내용

단계 교재

학습 목표

G단계에서 기른 곱셈, 나눗셈의 기초 계산력을 발전시켜, 분수의 성질을 익히고 계산할 수 있는 기초 능력을 기르는 것을 목표로 학습합니다.

〈초4〉

교재	교재번호	학습 내용
H-1 교재	교재번호 1~15	· 두 자리 수의 곱셈 (두 자리 수×두 자리 수)
	교재번호 16~30	
	교재번호 31~45	· 세 자리 수의 곱셈 (세 자리 수×두 자리 수) (세 자리 수×세 자리 수)
	교재번호 46~60	
	1과정 성취도 테스트	
H-2 교재	교재번호 61~75	· 덧셈과 뺄셈
	교재번호 76~90	· 곱셈과 나눗셈
	교재번호 91~105	· 나눗셈(한 자리 수로 나누기)
	교재번호 106~120	· 10배수의 곱셈과 나눗셈
	2과정 성취도 테스트	
H-3 교재	교재번호 121~135	· 나눗셈(두 자리 수로 나누기)
	교재번호 136~150	
	교재번호 151~165	
	교재번호 166~180	
	3과정 성취도 테스트	
H-4 교재	교재번호 181~195	· 나눗셈(두 자리 이상의 수로 나누기)
	교재번호 196~210	· 분수(가분수를 대분수 또는 자연수로, 대분수를 가분수로 고치기)
	교재번호 211~225	
	교재번호 226~240	
	4과정 성취도 테스트	
H-5 교재	교재번호 241~255	· 약분(최대공약수를 구하여 약분하기)
	교재번호 256~270	· 두·세 분수의 덧셈과 뺄셈 (분모가 같은 분수)
	교재번호 271~285	
	교재번호 286~300	
	H교재 종료 테스트	

(1장 표준완성시간 3~4분)

I 단계 교재

학습 목표

분수의 덧셈과 뺄셈, 곱셈과 나눗셈의 연습을 통하여 분수의 계산력을 확실하게 배양하는 것을 목표로 학습합니다.

〈초5〉

교재	교재번호	학습 내용
I-1 교재	교재번호 1~15	· 분수의 덧셈 (최소공배수) (분모가 같은 분수) (크기가 같은 분수) (분모가 다른 분수)
	교재번호 16~30	
	교재번호 31~45	
	교재번호 46~60	
	1과정 성취도 테스트	
I-2 교재	교재번호 61~75	· 분수의 덧셈 (분모가 다른 분수)
	교재번호 76~90	
	교재번호 91~105	
	교재번호 106~120	
	2과정 성취도 테스트	
I-3 교재	교재번호 121~135	· 분수의 뺄셈 (자연수-분수) (분수의 받아내림) (분모가 같은 분수) (분모가 다른 분수)
	교재번호 136~150	
	교재번호 151~165	
	교재번호 166~180	· 분수의 덧셈과 뺄셈 종합
	3과정 성취도 테스트	
I-4 교재	교재번호 181~195	· 분수의 곱셈
	교재번호 196~210	· 분수의 나눗셈
	교재번호 211~225	· 분수의 곱셈과 나눗셈 종합
	교재번호 226~240	
	4과정 성취도 테스트	
I-5 교재	교재번호 241~255	· 분수를 소수로 고치기
	교재번호 256~270	· 소수를 분수로 고치기
	교재번호 271~285	· 분수와 소수의 덧셈과 뺄셈
	교재번호 286~300	· 분수와 소수의 곱셈과 나눗셈
	I교재 종료 테스트	

(1장 표준완성시간 3~4분)

J 단계 교재

학습 목표

J단계에서 배양한 분수 계산력을 발전시키고 덧셈, 뺄셈, 곱셈, 나눗셈 등을 종합적으로 계산하는 사칙 혼합 계산을 완벽하게 익혀 중학 수학에 대비하는 것을 목표로 학습합니다.

〈초6〉

교재	교재번호	학습 내용
J-1 교재	교재번호 1~15 교재번호 16~30 교재번호 31~45 교재번호 46~60	· 분수의 계산 (세 분수의 곱셈과 나눗셈) · 분수의 덧셈 (세 분수의 덧셈과 뺄셈)
	1과정 성취도 테스트	
J-2 교재	교재번호 61~75 교재번호 76~90 교재번호 91~105 교재번호 106~120	· 사칙 혼합 계산
	2과정 성취도 테스트	
J-3 교재	교재번호 121~135 교재번호 136~150 교재번호 151~165 교재번호 166~180	· 사칙 혼합 계산
	3과정 성취도 테스트	
J-4 교재	교재번호 181~195 교재번호 196~210 교재번호 211~225 교재번호 226~240	· 사칙 혼합 계산 · 방정식으로 미지수 구하기
	4과정 성취도 테스트	
J-5 교재	교재번호 241~255 교재번호 256~270 교재번호 271~285 교재번호 286~300	· 문장제 · 소수의 덧셈과 뺄셈 · 소수의 곱셈과 나눗셈
	J교재 종료 테스트	

(1장 표준완성시간 3~5분)

K 단계 교재

학습 목표

J단계에서 기른 자연수, 분수, 소수의 사칙 혼합 계산력을 토대로, 유리수의 덧셈, 뺄셈, 곱셈, 나눗셈을 연습해서 유리수의 계산력을 키우는 것을 목표로 학습합니다.

〈예비 중1〉

교재	교재번호	학습 내용
K-1 교재	교재번호 1~15 교재번호 16~30 교재번호 31~45 교재번호 46~60	· 유리수의 덧셈과 뺄셈
	1과정 성취도 테스트	
K-2 교재	교재번호 61~75 교재번호 76~90 교재번호 91~105 교재번호 106~120	· 유리수의 곱셈과 나눗셈
	2과정 성취도 테스트	
K-3 교재	교재번호 121~135 교재번호 136~150 교재번호 151~165 교재번호 166~180	· 유리수의 혼합 계산
	3과정 성취도 테스트	
K-4 교재	교재번호 181~195 교재번호 196~210 교재번호 211~225 교재번호 226~240	· 문자의 사용 · 식의 값 · 식의 계산
	4과정 성취도 테스트	
K-5 교재	교재번호 241~255 교재번호 256~270 교재번호 271~285 교재번호 286~300	· 방정식 (등식의 성질을 이용하여 방정식 풀기) (이항을 이용하여 방정식 풀기)
	K교재 종료 테스트	

(1장 표준완성시간 3~5분)

교재별 학습 내용

L 단계 교재

학습 목표

K단계에서 기른 유리수의 계산력을 토대로, 연립방정식과 일차부등식을 쉽게 풀 수 있는 계산력을 키우는 것을 목표로 학습합니다.

〈예비 중2〉

L-1 교재

교재번호 1~15	· 단항식·다항식의 계산 (지수법칙) (단항식의 곱셈·나눗셈) (다항식의 덧셈·뺄셈·곱셈·나눗셈) (곱셈 공식)
교재번호 16~30	
교재번호 31~45	
교재번호 46~60	
1과정 성취도 테스트	

L-2 교재

교재번호 61~75	· 등식의 변형 · 연립방정식 (가감법을 이용하여 연립방정식 풀기)
교재번호 76~90	
교재번호 91~105	
교재번호 106~120	
2과정 성취도 테스트	

L-3 교재

교재번호 121~135	· 연립방정식 (가감법과 대입법을 이용하여 연립방정식 풀기)
교재번호 136~150	
교재번호 151~165	
교재번호 166~180	
3과정 성취도 테스트	

L-4 교재

교재번호 181~195	· 일차부등식 · 연립일차부등식
교재번호 196~210	
교재번호 211~225	
교재번호 226~240	
4과정 성취도 테스트	

L-5 교재

교재번호 241~255	· 함수와 그래프 · 일차함수와 그래프
교재번호 256~270	
교재번호 271~285	
교재번호 286~300	
L교재 종료 테스트	

(1장 표준완성시간 4~6분)

M 단계 교재

학습 목표

L단계에서 기른 연립방정식과 일차부등식의 계산력을 토대로, 제곱근, 인수분해, 이차방정식을 쉽게 풀 수 있는 계산력을 키우는 것을 목표로 학습합니다.

〈예비 중3〉

M-1 교재

교재번호 1~15	· 제곱근 (제곱근의 성질) (제곱근의 곱셈과 나눗셈) (제곱근의 덧셈과 뺄셈)
교재번호 16~30	
교재번호 31~45	
교재번호 46~60	
1과정 성취도 테스트	

M-2 교재

교재번호 61~75	· 인수분해 (인수분해의 공식) (복잡한 식의 인수분해)
교재번호 76~90	
교재번호 91~105	
교재번호 106~120	
2과정 성취도 테스트	

M-3 교재

교재번호 121~135	· 이차방정식 (인수분해를 이용한 풀이) (제곱근을 이용한 풀이) (완전제곱식을 이용한 풀이) (근의 공식을 이용한 풀이)
교재번호 136~150	
교재번호 151~165	
교재번호 166~180	
3과정 성취도 테스트	

M-4 교재

교재번호 181~195	· 이차함수와 그래프 (이차함수 $y=ax^2$의 그래프) (이차함수 $y=a(x-p)^2+q$의 그래프) (이차함수 $y=ax^2+bx+c$의 그래프) (이차함수의 최댓값과 최솟값)
교재번호 196~210	
교재번호 211~225	
교재번호 226~240	
4과정 성취도 테스트	

M-5 교재

교재번호 241~255	· 피타고라스의 정리 (직각삼각형의 변의 길이) (피타고라스의 정리의 역) (평면도형에의 활용) (입체도형에의 활용)
교재번호 256~270	
교재번호 271~285	
교재번호 286~300	
M교재 종료 테스트	

(1장 표준완성시간 4~6분)

교재 등급
K단계 교재 1~15

개인별·능력별 학습 프로그램

기탄수학

학습 일정 관리표

공부한 날	교재 번호	오답 수	소요 시간	공부한 날	교재 번호	오답 수	소요 시간
.	1			.	10		
.	2			.	11		
.	3			.	12		
.	4			.	13		
.	5			.	14		
.	6			.	15		
.	7			평 균			
.	8			종합 평가	Ⓐ 아주 잘함 Ⓑ 잘함		
.	9				Ⓒ 보통 Ⓓ 부족함		

이번주는?				
· 학습 방법	① 매일매일	② 가끔	③ 한꺼번에	– 하였습니다.
· 학습 태도	① 스스로 잘	② 시켜서 억지로		– 하였습니다.
· 학습 흥미	① 재미있게	② 싫증내며		– 하였습니다.
· 교재 내용	① 적합하다고	② 어렵다고	③ 쉽다고	– 하였습니다.

지도 교사가 부모님께	부모님이 지도 교사께

원(교) 반 이름 전화 –

기초 탄탄한 교육·기초 탄탄한 학습
기탄교육
www.gitan.co.kr/ (02)586-1007(대)

◀ K교재 학습 목표 ▶
유리수의 덧셈, 뺄셈, 곱셈, 나눗셈을 연습해서 유리수의 계산력을 키워요.

■ K교재 (1~15) 학습 내용

교재 번호	내 용	표준완성시간
1	유리수의 덧셈과 뺄셈 [1]	3~5분
2	〃	
3	〃	
4	〃	
5	〃	
6	〃	
7	〃	
8	〃	
9	〃	
10	〃	
11	〃	
12	〃	
13	〃	
14	〃	
15	〃	

● **학습 목표**

J단계에서 배운 자연수, 분수, 소수의 사칙 혼합 계산을 기초로 하여, 정수와 유리수의 덧셈과 뺄셈의 계산 원리를 이해한 다음, 정수와 유리수의 덧셈과 뺄셈을 능숙하게 계산할 수 있도록 학습합니다.

● **지도 포인트**

정수의 덧셈과 뺄셈은 수직선을 이용하여 이해를 시킵니다. 즉, 2−3은 2에서 왼쪽으로 3만큼 간 점이 나타내는 수이므로 −1이고, −1+3은 −1에서 오른쪽으로 3만큼 간 점이 나타내는 수이므로 +2임을 이해시킵니다. 또한, 정수의 덧셈, 뺄셈과 같은 원리로 유리수의 덧셈, 뺄셈을 이해시킵니다.

지도 요점

❖ **절댓값**

• 수직선에서 수를 나타내는 점과 원점 사이의 거리

예 -6의 절댓값 : 6, $+4.2$의 절댓값 : 4.2, $-\frac{3}{4}$의 절댓값 : $\frac{3}{4}$, $+3$의 절댓값 : 3

❖ **정수의 덧셈과 뺄셈**

• $1-3$의 계산

① 수직선을 이용하여 알아보기

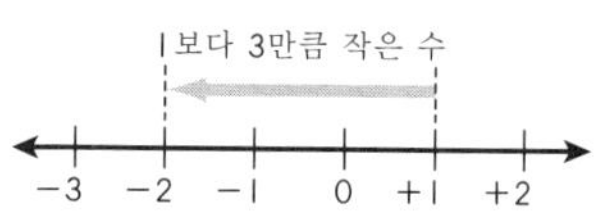

② 절댓값을 이용하여 알아보기

$1-3=-(3-1)=-2$

• $-1+3$의 계산

① 수직선을 이용하여 알아보기

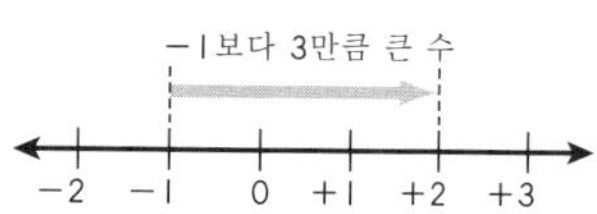

② 절댓값을 이용하여 알아보기

$-1+3=+(3-1)=2$

• $-4+3$의 계산

① 수직선을 이용하여 알아보기

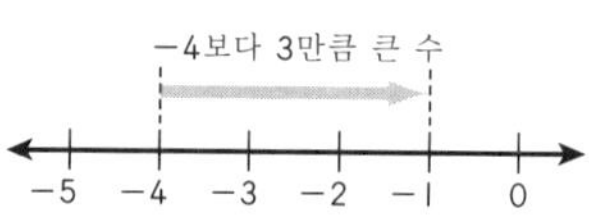

② 절댓값을 이용하여 알아보기

$-4+3=-(4-3)=-1$

• $-1-3$의 계산

① 수직선을 이용하여 알아보기

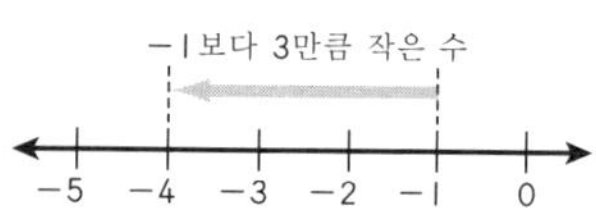

② 절댓값을 이용하여 알아보기

$-1-3=-(1+3)=-4$

● 표준완성시간 : 3~5분

평가	아주 잘함	잘함	보통	부족함
오답수	1~3	4~10	11~16	17~

이름 :
날짜 : 월 일
시간 : : ~ :

● 유리수의 덧셈과 뺄셈 1

♣ **보기**를 보고, 다음 계산을 하여라.

보기

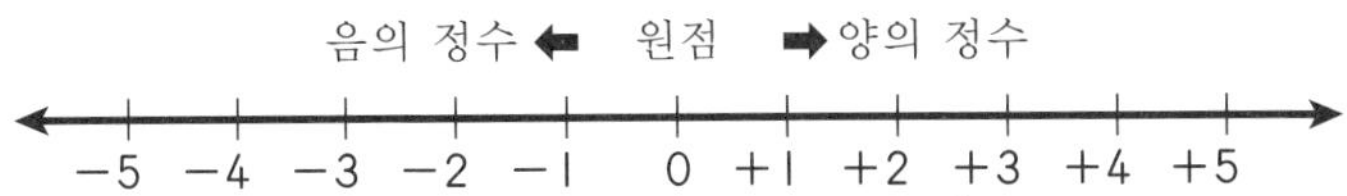

양의 정수 +1, +2, +3, …은 부호를 생략하고, 1, 2, 3, …과 같이 나타내기도 한다.

$3-1=2$ ← (3 빼기 1은 플러스 2와 같다.)
$3-2=1$ ← (3 빼기 2는 플러스 1과 같다.)
$3-3=0$ ← (3 빼기 3은 0과 같다.)
$3-4=-1$ ← (3 빼기 4는 마이너스 1과 같다.)
$3-5=-2$ ← (3 빼기 5는 마이너스 2와 같다.)

(1) $4-2=$

(2) $4-3=$

(3) $4-4=$

(4) $4-5=-$ [1]

(5) $4-6=-$ [2]

(6) $4-7=-$ [3]

(7) $4-8=-$ [4]

(8) $5-3=$

(9) $5-4=$

(10) $5-5=$

(11) $5-6=-$ [1]

(12) $5-7=-$ [2]

(13) $5-8=-$ [3]

(14) $5-9=-$ [4]

(15) $6-1=$

(16) $6-2=$

(17) $6-3=$

(18) $6-4=$

(19) $6-5=$

(20) $6-6=$

(21) $6-7=$

(22) $6-8=$

(23) $6-9=$

(24) $6-10=$

(25) $7-3=$

(26) $7-4=$

(27) $7-5=$

(28) $7-6=$

(29) $7-7=$

(30) $7-8=$

(31) $7-9=$

(32) $7-10=$

(33) $7-11=$

(34) $7-12=$

● 표준완성시간 : 3~5분

평가	아주 잘함	잘함	보통	부족함
오답수	1~4	5~11	12~19	20~

이름 :	
날짜 :	월 일
시간 :	: ~ :

● 유리수의 덧셈과 뺄셈 1

♣ 다음 계산을 하여라.

(1) $8-5=$

(2) $8-6=$

(3) $8-7=$

(4) $8-8=$

(5) $8-9=$

(6) $8-10=$

(7) $8-11=$

(8) $8-12=$

(9) $8-13=$

(10) $8-14=$

(11) $9-7=$

(12) $9-8=$

(13) $9-9=$

(14) $9-10=$

(15) $9-11=$

(16) $9-12=$

(17) $9-13=$

(18) $9-14=$

(19) $9-15=$

(20) $9-16=$

(21) $10-9=$

(22) $10-10=$

(23) $10-11=$

(24) $10-12=$

(25) $10-13=$

(26) $11-10=$

(27) $11-11=$

(28) $11-12=$

(29) $11-13=$

(30) $11-15=$

(31) $12-11=$

(32) $12-12=$

(33) $12-13=$

(34) $12-14=$

(35) $12-17=$

(36) $13-12=$

(37) $13-13=$

(38) $13-14=$

(39) $13-15=$

(40) $13-19=$

● 유리수의 덧셈과 뺄셈 1

♣ **보기**와 같이, 다음 계산을 하여라.

보기 • 3－2＝1 • 2－3＝－1

(1) 4－3＝ 1

(2) 3－4＝－ 1

(3) 5－3＝

(4) 3－5＝

(5) 6－4＝

(6) 4－6＝

(7) 7－4＝

(8) 4－7＝

(9) 8－5＝

(10) 5－8＝

(11) 4－1＝ 3

(12) 1－4＝ －3

(13) 5－4＝ 1

(14) 4－5＝ －1

(15) 6－2＝ 4

(16) 2－6＝ －4

(17) 7－5＝ 2

(18) 5－7＝ －2

(19) 8－3＝ 5

(20) 3－8＝ －5

(21) $2-1=$

(22) $1-2=$

(23) $3-1=$

(24) $1-3=$

(25) $5-2=$

(26) $2-5=$

(27) $8-4=$

(28) $4-8=$

(29) $10-5=$

(30) $5-10=$

(31) $1-0=$

(32) $0-1=$

(33) $4-2=$

(34) $2-4=$

(35) $9-6=$

(36) $6-9=$

(37) $7-3=$

(38) $3-7=$

(39) $6-1=$

(40) $1-6=$

● 유리수의 덧셈과 뺄셈 1

♣ **보기**와 같이, 다음 계산을 하여라.

보기

- $\frac{2}{3}-\frac{1}{3}=\frac{1}{3}$
- $\frac{1}{3}-\frac{2}{3}=-\frac{1}{3}$

(1) $\frac{3}{5}-\frac{2}{5}=\frac{\boxed{1}}{5}$

(2) $\frac{2}{5}-\frac{3}{5}=-\frac{\boxed{1}}{5}$

(3) $\frac{6}{7}-\frac{4}{7}=$

(4) $\frac{4}{7}-\frac{6}{7}=$

(5) $\frac{5}{9}-\frac{1}{9}=$

(6) $\frac{1}{9}-\frac{5}{9}=$

(7) $\frac{8}{11}-\frac{5}{11}=$

(8) $\frac{5}{11}-\frac{8}{11}=$

(9) $\frac{4}{5}-\frac{1}{5}=$

(10) $\frac{1}{5}-\frac{4}{5}=$

(11) $\frac{3}{7}-\frac{2}{7}=$

(12) $\frac{2}{7}-\frac{3}{7}=$

(13) $\frac{7}{9}-\frac{2}{9}=$

(14) $\frac{2}{9}-\frac{7}{9}=$

(15) $\frac{5}{11}-\frac{3}{11}=$

(16) $\frac{3}{11}-\frac{5}{11}=$

(17) $\frac{5}{7}-\frac{3}{7}=$

(18) $\frac{3}{7}-\frac{5}{7}=$

(19) $\frac{4}{9}-\frac{2}{9}=$

(20) $\frac{2}{9}-\frac{4}{9}=$

(21) $\frac{9}{11}-\frac{4}{11}=$

(22) $\frac{4}{11}-\frac{9}{11}=$

(23) $\frac{2}{5}-\frac{1}{5}=$

(24) $\frac{1}{5}-\frac{2}{5}=$

(25) $\frac{12}{13}-\frac{5}{13}=$

(26) $\frac{5}{13}-\frac{12}{13}=$

(27) $\frac{3}{4}-0=$

(28) $0-\frac{3}{4}=$

(29) $\frac{10}{17}-\frac{6}{17}=$

(30) $\frac{6}{17}-\frac{10}{17}=$

(31) $\frac{9}{19}-\frac{3}{19}=$

(32) $\frac{3}{19}-\frac{9}{19}=$

● 유리수의 덧셈과 뺄셈 [1]

♣ 다음 계산을 하여라.

(1) 3−6=

(2) 2−8=

(3) 5−0=

(4) 8−9=

(5) 6−8=

(6) 8−7=

(7) 10−2=

(8) 5−6=

(9) 7−1=

(10) 6−7=

(11) 2−7=

(12) 10−9=

(13) 4−10=

(14) 1−5=

(15) 9−2=

(16) 7−10=

(17) 0−4=

(18) 6−3=

(19) 3−9=

(20) 9−5=

(21) $5-25=$

(22) $10-40=$

(23) $19-6=$

(24) $32-18=$

(25) $20-70=$

(26) $39-63=$

(27) $40-30=$

(28) $56-16=$

(29) $30-55=$

(30) $8-13=$

(31) $150-20=$

(32) $14-38=$

(33) $15-255=$

(34) $500-300=$

(35) $100-400=$

(36) $345-123=$

(37) $50-100=$

(38) $260-350=$

(39) $404-256=$

(40) $48-70=$

● 유리수의 덧셈과 뺄셈 ①

♣ 다음 계산을 하여라.

(1) $\frac{8}{21}-\frac{10}{21}=$

(2) $\frac{5}{7}-\frac{2}{7}=$

(3) $\frac{2}{13}-\frac{7}{13}=$

(4) $\frac{3}{5}-\frac{4}{5}=$

(5) $\frac{15}{19}-\frac{5}{19}=$

(6) $\frac{7}{27}-\frac{11}{27}=$

(7) $\frac{6}{11}-\frac{4}{11}=$

(8) $\frac{4}{9}-\frac{8}{9}=$

(9) $\frac{14}{23}-\frac{3}{23}=$

(10) $\frac{1}{11}-\frac{10}{11}=$

(11) $\frac{1}{25}-\frac{2}{25}=$

(12) $\frac{7}{9}-\frac{5}{9}=$

(13) $\frac{6}{17}-\frac{9}{17}=$

(14) $\frac{11}{31}-\frac{6}{31}=$

(15) $\frac{1}{7}-\frac{6}{7}=$

(16) $\frac{5}{29}-\frac{12}{29}=$

(17) $\frac{7}{8}-\frac{3}{8}=$

(18) $\frac{5}{14}-\frac{9}{14}=$

(19) $\frac{3}{25}-\frac{8}{25}=$

(20) $\frac{11}{12}-\frac{5}{12}=$

(21) $\frac{5}{26}-\frac{9}{26}=$

(22) $\frac{19}{20}-\frac{7}{20}=$

(23) $\frac{1}{6}-\frac{5}{6}=$

(24) $\frac{7}{24}-\frac{17}{24}=$

(25) $\frac{2}{21}-\frac{5}{21}=$

(26) $\frac{9}{16}-\frac{3}{16}=$

(27) $\frac{2}{9}-\frac{8}{9}=$

(28) $\frac{2}{15}-\frac{8}{15}=$

(29) $\frac{13}{22}-\frac{5}{22}=$

(30) $\frac{9}{28}-\frac{17}{28}=$

(31) $\frac{3}{10}-\frac{1}{10}=$

(32) $\frac{7}{30}-\frac{11}{30}=$

● 유리수의 덧셈과 뺄셈 1

♣ **보기**와 같이, 다음 계산을 하여라.

보기 • $-3+4=1$ • $-4+3=-1$

(1) $-4+5=\boxed{1}$

(2) $-5+4=-\boxed{1}$

(3) $-4+6=$

(4) $-6+4=$

(5) $-5+7=$

(6) $-7+5=$

(7) $-5+8=$

(8) $-8+5=$

(9) $-6+9=$

(10) $-9+6=$

(11) $-2+5=$

(12) $-5+2=$

(13) $-5+6=$

(14) $-6+5=$

(15) $-3+7=$

(16) $-7+3=$

(17) $-6+8=$

(18) $-8+6=$

(19) $-4+9=$

(20) $-9+4=$

(21) $-2+3=$

(22) $-3+2=$

(23) $-7+9=$

(24) $-9+7=$

(25) $-3+5=$

(26) $-5+3=$

(27) $-1+2=$

(28) $-2+1=$

(29) $-3+8=$

(30) $-8+3=$

(31) $-1+6=$

(32) $-6+1=$

(33) $-2+4=$

(34) $-4+2=$

(35) $-7+10=$

(36) $-10+7=$

(37) $-3+9=$

(38) $-9+3=$

(39) $-4+7=$

(40) $-7+4=$

● 유리수의 덧셈과 뺄셈 [1]

♣ **보기**와 같이, 다음 계산을 하여라.

보기 · $-\frac{2}{5}+\frac{4}{5}=\frac{2}{5}$ · $-\frac{4}{5}+\frac{2}{5}=-\frac{2}{5}$

(1) $-\frac{3}{7}+\frac{6}{7}=\frac{3}{7}$

(2) $-\frac{6}{7}+\frac{3}{7}=-\frac{3}{7}$

(3) $-\frac{1}{9}+\frac{2}{9}=$

(4) $-\frac{2}{9}+\frac{1}{9}=$

(5) $-\frac{3}{11}+\frac{8}{11}=$

(6) $-\frac{8}{11}+\frac{3}{11}=$

(7) $-\frac{5}{13}+\frac{9}{13}=$

(8) $-\frac{9}{13}+\frac{5}{13}=$

(9) $-\frac{1}{7}+\frac{3}{7}=$

(10) $-\frac{3}{7}+\frac{1}{7}=$

(11) $-\frac{4}{9}+\frac{8}{9}=$

(12) $-\frac{8}{9}+\frac{4}{9}=$

(13) $-\frac{2}{11}+\frac{5}{11}=$

(14) $-\frac{5}{11}+\frac{2}{11}=$

(15) $-\frac{3}{13}+\frac{8}{13}=$

(16) $-\frac{8}{13}+\frac{3}{13}=$

(17) $-\frac{1}{5}+\frac{3}{5}=$

(18) $-\frac{3}{5}+\frac{1}{5}=$

(19) $-\frac{3}{11}+\frac{7}{11}=$

(20) $-\frac{7}{11}+\frac{3}{11}=$

(21) $-\frac{5}{9}+\frac{7}{9}=$

(22) $-\frac{7}{9}+\frac{5}{9}=$

(23) $-\frac{8}{17}+\frac{9}{17}=$

(24) $-\frac{9}{17}+\frac{8}{17}=$

(25) $-\frac{4}{13}+\frac{10}{13}=$

(26) $-\frac{10}{13}+\frac{4}{13}=$

(27) $-\frac{3}{7}+\frac{4}{7}=$

(28) $-\frac{4}{7}+\frac{3}{7}=$

(29) $-\frac{2}{19}+\frac{5}{19}=$

(30) $-\frac{5}{19}+\frac{2}{19}=$

(31) $-\frac{11}{15}+\frac{13}{15}=$

(32) $-\frac{13}{15}+\frac{11}{15}=$

● 유리수의 덧셈과 뺄셈 1

♣ 다음 계산을 하여라.

(1) $-9+1=$

(2) $-2+6=$

(3) $-10+1=$

(4) $-7+8=$

(5) $-5+1=$

(6) $-8+9=$

(7) $-2+7=$

(8) $-10+3=$

(9) $-7+7=$

(10) $-9+8=$

(11) $-8+10=$

(12) $-3+1=$

(13) $-2+9=$

(14) $-8+2=$

(15) $-6+10=$

(16) $-1+4=$

(17) $-6+3=$

(18) $-4+8=$

(19) $-7+6=$

(20) $-1+5=$

(21) $-5+35=$

(22) $-50+20=$

(23) $-18+7=$

(24) $-43+15=$

(25) $-30+60=$

(26) $-29+71=$

(27) $-90+60=$

(28) $-27+57=$

(29) $-10+45=$

(30) $-12+9=$

(31) $-160+50=$

(32) $-52+83=$

(33) $-246+16=$

(34) $-200+700=$

(35) $-500+400=$

(36) $-165+169=$

(37) $-240+150=$

(38) $-100+70=$

(39) $-127+306=$

(40) $-11+40=$

● 표준완성시간 : 3~5분

평가	아주 잘함	잘함	보통	부족함
오답수	1~3	4~9	10~15	16~

이름 :
날짜 : 월 일
시간 : : ~ :

● 유리수의 덧셈과 뺄셈 [1]

♣ 다음 계산을 하여라.

(1) $-\frac{6}{7}+\frac{2}{7}=$

(2) $-\frac{4}{13}+\frac{6}{13}=$

(3) $-\frac{17}{25}+\frac{8}{25}=$

(4) $-\frac{1}{5}+\frac{2}{5}=$

(5) $-\frac{17}{21}+\frac{13}{21}=$

(6) $-\frac{7}{31}+\frac{20}{31}=$

(7) $-\frac{1}{9}+\frac{8}{9}=$

(8) $-\frac{6}{11}+\frac{3}{11}=$

(9) $-\frac{3}{19}+\frac{9}{19}=$

(10) $-\frac{2}{9}+\frac{2}{9}=$

(11) $-\frac{10}{27}+\frac{2}{27}=$

(12) $-\frac{4}{11}+\frac{10}{11}=$

(13) $-\frac{8}{23}+\frac{12}{23}=$

(14) $-\frac{8}{17}+\frac{3}{17}=$

(15) $-\frac{9}{29}+\frac{6}{29}=$

(16) $-\frac{2}{7}+\frac{4}{7}=$

(17) $-\frac{1}{4}+\frac{3}{4}=$

(18) $-\frac{13}{16}+\frac{7}{16}=$

(19) $-\frac{2}{21}+\frac{16}{21}=$

(20) $-\frac{19}{30}+\frac{11}{30}=$

(21) $-\frac{7}{12}+\frac{11}{12}=$

(22) $-\frac{19}{26}+\frac{9}{26}=$

(23) $-\frac{4}{9}+\frac{7}{9}=$

(24) $-\frac{9}{22}+\frac{5}{22}=$

(25) $-\frac{7}{10}+\frac{3}{10}=$

(26) $-\frac{1}{18}+\frac{5}{18}=$

(27) $-\frac{2}{25}+\frac{17}{25}=$

(28) $-\frac{5}{8}+\frac{3}{8}=$

(29) $-\frac{1}{15}+\frac{11}{15}=$

(30) $-\frac{5}{28}+\frac{13}{28}=$

(31) $-\frac{9}{14}+\frac{3}{14}=$

(32) $-\frac{17}{20}+\frac{9}{20}=$

● 유리수의 덧셈과 뺄셈 ①

♣ **보기**와 같이, 다음 계산을 하여라.

보기
• $-3-1=-4$ • $-1-3=-4$

(1) $-4-1=-\boxed{5}$

(2) $-1-4=-\boxed{5}$

(3) $-5-2=$

(4) $-2-5=$

(5) $-6-2=$

(6) $-2-6=$

(7) $-7-3=$

(8) $-3-7=$

(9) $-8-3=$

(10) $-3-8=$

(11) $-4-2=$

(12) $-2-4=$

(13) $-5-3=$

(14) $-3-5=$

(15) $-6-4=$

(16) $-4-6=$

(17) $-7-5=$

(18) $-5-7=$

(19) $-8-1=$

(20) $-1-8=$

(21) $-3-2=$

(22) $-2-3=$

(23) $-9-1=$

(24) $-1-9=$

(25) $-7-2=$

(26) $-2-7=$

(27) $-5-1=$

(28) $-1-5=$

(29) $-10-4=$

(30) $-4-10=$

(31) $-6-3=$

(32) $-3-6=$

(33) $-8-4=$

(34) $-4-8=$

(35) $-2-1=$

(36) $-1-2=$

(37) $-9-5=$

(38) $-5-9=$

(39) $-4-3=$

(40) $-3-4=$

● 유리수의 덧셈과 뺄셈 [1]

♣ **보기**와 같이, 다음 계산을 하여라.

보기

• $-\frac{2}{5}-\frac{1}{5}=-\frac{3}{5}$ • $-\frac{1}{5}-\frac{2}{5}=-\frac{3}{5}$

(1) $-\frac{3}{7}-\frac{1}{7}=-\frac{\boxed{4}}{7}$

(2) $-\frac{1}{7}-\frac{3}{7}=-\frac{\boxed{4}}{7}$

(3) $-\frac{4}{11}-\frac{3}{11}=$

(4) $-\frac{3}{11}-\frac{4}{11}=$

(5) $-\frac{5}{13}-\frac{4}{13}=$

(6) $-\frac{4}{13}-\frac{5}{13}=$

(7) $-\frac{6}{17}-\frac{5}{17}=$

(8) $-\frac{5}{17}-\frac{6}{17}=$

(9) $-\frac{4}{7}-\frac{2}{7}=$

(10) $-\frac{2}{7}-\frac{4}{7}=$

(11) $-\frac{6}{11}-\frac{4}{11}=$

(12) $-\frac{4}{11}-\frac{6}{11}=$

(13) $-\frac{9}{13}-\frac{3}{13}=$

(14) $-\frac{3}{13}-\frac{9}{13}=$

(15) $-\frac{10}{17}-\frac{2}{17}=$

(16) $-\frac{2}{17}-\frac{10}{17}=$

(17) $-\frac{7}{11}-\frac{2}{11}=$

(18) $-\frac{2}{11}-\frac{7}{11}=$

(19) $-\frac{3}{5}-\frac{1}{5}=$

(20) $-\frac{1}{5}-\frac{3}{5}=$

(21) $-\frac{6}{17}-\frac{4}{17}=$

(22) $-\frac{4}{17}-\frac{6}{17}=$

(23) $-\frac{5}{9}-\frac{2}{9}=$

(24) $-\frac{2}{9}-\frac{5}{9}=$

(25) $-\frac{7}{15}-\frac{4}{15}=$

(26) $-\frac{4}{15}-\frac{7}{15}=$

(27) $-\frac{4}{13}-\frac{3}{13}=$

(28) $-\frac{3}{13}-\frac{4}{13}=$

(29) $-\frac{2}{7}-\frac{1}{7}=$

(30) $-\frac{1}{7}-\frac{2}{7}=$

(31) $-\frac{10}{19}-\frac{5}{19}=$

(32) $-\frac{5}{19}-\frac{10}{19}=$

● 표준완성시간 : 3~5분

평가	아주 잘함	잘함	보통	부족함
오답수	1~4	5~11	12~19	20~

이름 :	
날짜 :	월 일
시간 :	: ~ :

● 유리수의 덧셈과 뺄셈 [1]

♣ 다음 계산을 하여라.

(1) $-2-8=$

(2) $-1-1=$

(3) $-10-6=$

(4) $-9-4=$

(5) $-5-5=$

(6) $-7-4=$

(7) $-10-8=$

(8) $-1-10=$

(9) $-9-6=$

(10) $-6-1=$

(11) $-1-7=$

(12) $-6-8=$

(13) $-7-9=$

(14) $-5-6=$

(15) $-2-9=$

(16) $-4-5=$

(17) $-3-10=$

(18) $-9-9=$

(19) $-7-6=$

(20) $-8-5=$

(21) $-3-21=$

(22) $-10-20=$

(23) $-16-9=$

(24) $-35-15=$

(25) $-40-30=$

(26) $-19-21=$

(27) $-20-40=$

(28) $-17-50=$

(29) $-30-20=$

(30) $-7-17=$

(31) $-110-20=$

(32) $-24-31=$

(33) $-355-44=$

(34) $-300-400=$

(35) $-43-15=$

(36) $-38-142=$

(37) $-100-100=$

(38) $-59-41=$

(39) $-239-172=$

(40) $-18-36=$

● 유리수의 덧셈과 뺄셈 1

♣ 다음 계산을 하여라.

(1) $-\frac{4}{17}-\frac{8}{17}=$

(2) $-\frac{1}{3}-\frac{1}{3}=$

(3) $-\frac{7}{23}-\frac{10}{23}=$

(4) $-\frac{3}{7}-\frac{2}{7}=$

(5) $-\frac{4}{9}-\frac{1}{9}=$

(6) $-\frac{5}{19}-\frac{3}{19}=$

(7) $-\frac{8}{27}-\frac{11}{27}=$

(8) $-\frac{2}{13}-\frac{6}{13}=$

(9) $-\frac{1}{9}-\frac{7}{9}=$

(10) $-\frac{4}{29}-\frac{4}{29}=$

(11) $-\frac{11}{15}-\frac{2}{15}=$

(12) $-\frac{9}{31}-\frac{14}{31}=$

(13) $-\frac{6}{25}-\frac{1}{25}=$

(14) $-\frac{1}{7}-\frac{5}{7}=$

(15) $-\frac{5}{11}-\frac{4}{11}=$

(16) $-\frac{8}{21}-\frac{5}{21}=$

(17) $-\frac{1}{10}-\frac{3}{10}=$

(18) $-\frac{9}{26}-\frac{7}{26}=$

(19) $-\frac{3}{14}-\frac{5}{14}=$

(20) $-\frac{9}{22}-\frac{3}{22}=$

(21) $-\frac{5}{18}-\frac{7}{18}=$

(22) $-\frac{5}{8}-\frac{1}{8}=$

(23) $-\frac{6}{25}-\frac{9}{25}=$

(24) $-\frac{9}{16}-\frac{3}{16}=$

(25) $-\frac{4}{15}-\frac{8}{15}=$

(26) $-\frac{13}{28}-\frac{3}{28}=$

(27) $-\frac{1}{6}-\frac{1}{6}=$

(28) $-\frac{4}{21}-\frac{11}{21}=$

(29) $-\frac{5}{12}-\frac{1}{12}=$

(30) $-\frac{17}{24}-\frac{5}{24}=$

(31) $-\frac{2}{9}-\frac{4}{9}=$

(32) $-\frac{7}{20}-\frac{3}{20}=$

● 표준완성시간 : 3~5분

평가	아주 잘함	잘함	보통	부족함
오답수	1~3	4~10	11~17	18~

이름 :
날짜 : 월 일
시간 : : ~ :

● 유리수의 덧셈과 뺄셈 [1]

♣ 다음 계산을 하여라.

(1) $4-9=$

(2) $5-1=$

(3) $2-10=$

(4) $8-6=$

(5) $7-16=$

(6) $23-12=$

(7) $49-63=$

(8) $34-98=$

(9) $100-20=$

(10) $107-256=$

(11) $0.1-0.6=$

(12) $0.2-0.1=$

(13) $0.6-0.3=$

(14) $0.3-0.5=$

(15) $0.2-0.3=$

(16) $3.8-2.2=$

(17) $6.5-8.8=$

(18) $3.3-4.7=$

(19) $4.6-1.2=$

(20) $5.5-5.8=$

(21) $\frac{4}{7}-\frac{3}{7}=$

(22) $\frac{6}{11}-\frac{9}{11}=$

(23) $\frac{2}{9}-\frac{1}{9}=$

(24) $\frac{9}{13}-\frac{12}{13}=$

(25) $\frac{7}{9}-\frac{4}{9}=$

(26) $\frac{1}{8}-\frac{3}{8}=$

(27) $\frac{11}{14}-\frac{3}{14}=$

(28) $\frac{9}{16}-\frac{15}{16}=$

(29) $2-2\frac{1}{4}=$

(30) $\frac{7}{13}-3\frac{11}{13}=$

(31) $6\frac{4}{5}-\frac{4}{5}=$

(32) $4\frac{10}{17}-1\frac{2}{17}=$

(33) $\frac{1}{2}-8=$

(34) $\frac{7}{11}-5\frac{4}{11}=$

(35) $1\frac{1}{12}-\frac{5}{12}=$

(36) $2\frac{7}{10}-5\frac{3}{10}=$

개인별·능력별 학습 프로그램

기탄수학

학습 일정 관리표

공부한 날	교재 번호	오답 수	소요 시간	공부한 날	교재 번호	오답 수	소요 시간
.	16			.	25		
.	17			.	26		
.	18			.	27		
.	19			.	28		
.	20			.	29		
.	21			.	30		
.	22			평　균			
.	23			종합 평가	Ⓐ 아주 잘함　Ⓑ 잘함		
.	24				Ⓒ 보통　Ⓓ 부족함		

이번주는?

- 학습 방법　① 매일매일　② 가끔　③ 한꺼번에　– 하였습니다.
- 학습 태도　① 스스로 잘　② 시켜서 억지로　– 하였습니다.
- 학습 흥미　① 재미있게　② 싫증내며　– 하였습니다.
- 교재 내용　① 적합하다고　② 어렵다고　③ 쉽다고　– 하였습니다.

지도 교사가 부모님께	부모님이 지도 교사께

원(교)　　반　이름　　　전화　　–

기초 탄탄한 교육·기초 탄탄한 학습
기탄교육
www.gitan.co.kr/ (02)586-1007(대)

◀ K교재 학습 목표 ▶
유리수의 덧셈, 뺄셈, 곱셈, 나눗셈을 연습해서 유리수의 계산력을 키워요.

■ K교재 (16~30) 학습 내용

교재 번호	내 용	표준완성시간
16	유리수의 덧셈과 뺄셈 [1]	3~5분
17	〃	
18	〃	
19	〃	
20	〃	
21	〃	
22	〃	
23	〃	
24	〃	
25	〃	
26	〃	
27	〃	
28	〃	
29	〃	
30	〃	

● **학습 목표**

전주에 이어 정수와 유리수의 덧셈과 뺄셈을 계속하여 공부합니다. 많은 연습을 통하여 분모가 다른 두 분수의 덧셈과 뺄셈으로 나아갈 수 있는 능력을 기르는 것을 목표로 학습합니다.

● **지도 포인트**

분모가 같은 분수의 덧셈과 뺄셈은 차후에 배우게 될 분모가 다른 분수의 덧셈과 뺄셈을 계산하는 데 있어 아주 중요하므로, 충분한 연습을 통하여 직관적으로 구할 수 있는지 점검하여 주십시오.

지도 요점

❖ 유리수의 덧셈과 뺄셈

• $\frac{1}{5}-\frac{3}{5}$의 계산

① 수직선을 이용하여 알아보기

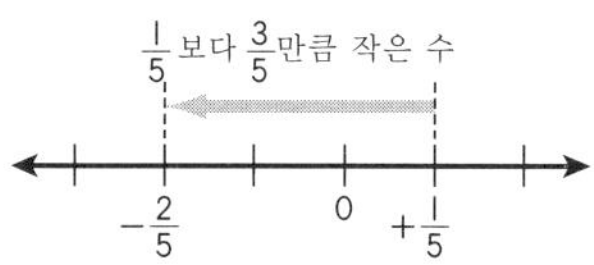

② 절댓값을 이용하여 알아보기

$$\frac{1}{5}-\frac{3}{5}=-\left(\frac{3}{5}-\frac{1}{5}\right)=-\frac{2}{5}$$

• $-\frac{1}{5}+\frac{3}{5}$의 계산

① 수직선을 이용하여 알아보기

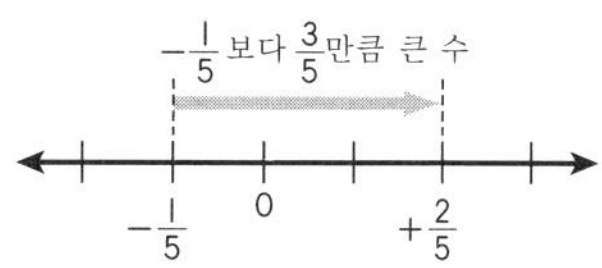

② 절댓값을 이용하여 알아보기

$$-\frac{1}{5}+\frac{3}{5}=+\left(\frac{3}{5}-\frac{1}{5}\right)=\frac{2}{5}$$

• $-\frac{4}{5}+\frac{3}{5}$의 계산

① 수직선을 이용하여 알아보기

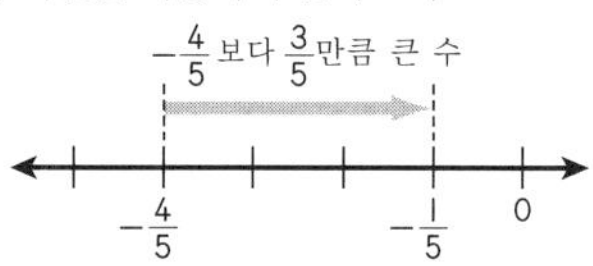

② 절댓값을 이용하여 알아보기

$$-\frac{4}{5}+\frac{3}{5}=-\left(\frac{4}{5}-\frac{3}{5}\right)=-\frac{1}{5}$$

• $-\frac{1}{5}-\frac{3}{5}$의 계산

① 수직선을 이용하여 알아보기

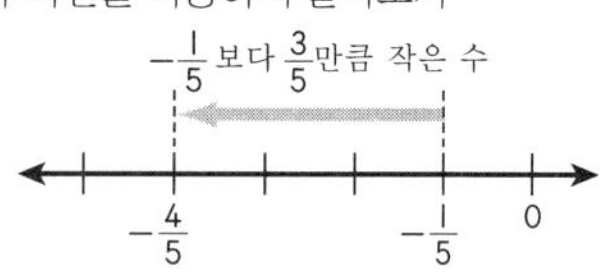

② 절댓값을 이용하여 알아보기

$$-\frac{1}{5}-\frac{3}{5}=-\left(\frac{1}{5}+\frac{3}{5}\right)=-\frac{4}{5}$$

● 표준완성시간 : 3~5분

평가	아주 잘함	잘함	보통	부족함
오답수	1~3	4~10	11~17	18~

이름 :
날짜 : 월 일
시간 : : ~ :

● 유리수의 덧셈과 뺄셈 1

♣ 다음 계산을 하여라.

(1) $5-9=$

(2) $4-11=$

(3) $55-28=$

(4) $7-8=$

(5) $450-280=$

(6) $23-40=$

(7) $6-5=$

(8) $70-120=$

(9) $8-10=$

(10) $36-15=$

(11) $3-0.6=$

(12) $0.4-5.7=$

(13) $3.2-0.6=$

(14) $4.5-4=$

(15) $2.3-8.9=$

(16) $0.3-2=$

(17) $7-1.4=$

(18) $0.6-0.8=$

(19) $3.5-7.4=$

(20) $3.52-0.41=$

(21) $5-\frac{1}{3}=$

(22) $3\frac{3}{10}-3\frac{9}{10}=$

(23) $\frac{10}{13}-\frac{6}{13}=$

(24) $\frac{5}{6}-10=$

(25) $\frac{4}{21}-\frac{8}{21}=$

(26) $5\frac{5}{11}-\frac{7}{11}=$

(27) $\frac{7}{8}-\frac{1}{8}=$

(28) $\frac{5}{7}-1\frac{4}{7}=$

(29) $\frac{5}{9}-\frac{8}{9}=$

(30) $4\frac{11}{17}-\frac{6}{17}=$

(31) $7\frac{5}{12}-5\frac{7}{12}=$

(32) $2\frac{3}{4}-6=$

(33) $6\frac{2}{5}-6\frac{4}{5}=$

(34) $7-3\frac{3}{5}=$

(35) $\frac{9}{14}-5\frac{13}{14}=$

(36) $1\frac{7}{20}-4\frac{3}{20}=$

● 표준완성시간 : 3~5분

평가	아주 잘함	잘함	보통	부족함
오답수	1~3	4~10	11~17	18~

이름 :		
날짜 :	월	일
시간 :	: ~ :	

● 유리수의 덧셈과 뺄셈 1

♣ 다음 계산을 하여라.

(1) $-6+7=$

(2) $-10+5=$

(3) $-8+4=$

(4) $-1+3=$

(5) $-14+6=$

(6) $-15+47=$

(7) $-62+22=$

(8) $-38+90=$

(9) $-120+70=$

(10) $-309+151=$

(11) $-0.4+0.6=$

(12) $-0.9+0.8=$

(13) $-0.4+0.7=$

(14) $-0.8+0.3=$

(15) $-0.5+0.1=$

(16) $-5.2+7.4=$

(17) $-8.9+5.7=$

(18) $-1.6+6.8=$

(19) $-9.8+3.2=$

(20) $-3.3+4.5=$

(21) $-\frac{4}{5}+\frac{1}{5}=$

(22) $-\frac{3}{11}+\frac{9}{11}=$

(23) $-\frac{6}{7}+\frac{5}{7}=$

(24) $-\frac{2}{9}+\frac{7}{9}=$

(25) $-\frac{7}{8}+\frac{5}{8}=$

(26) $-\frac{5}{12}+\frac{11}{12}=$

(27) $-\frac{1}{10}+\frac{7}{10}=$

(28) $-\frac{9}{14}+\frac{3}{14}=$

(29) $-1+\frac{1}{3}=$

(30) $-\frac{2}{7}+3\frac{5}{7}=$

(31) $-6\frac{11}{13}+\frac{9}{13}=$

(32) $-2\frac{3}{19}+2\frac{8}{19}=$

(33) $-\frac{3}{4}+5=$

(34) $-1\frac{1}{15}+\frac{2}{15}=$

(35) $-5\frac{7}{20}+3\frac{11}{20}=$

(36) $-1\frac{9}{16}+8\frac{5}{16}=$

● 표준완성시간 : 3~5분

평가	아주 잘함	잘함	보통	부족함
오답수	1~3	4~10	11~17	18~

이름 :
날짜 : 월 일
시간 : : ~ :

● 유리수의 덧셈과 뺄셈 1

♣ 다음 계산을 하여라.

(1) $-8+7=$

(2) $-14+25=$

(3) $-6+2=$

(4) $-526+148=$

(5) $-9+16=$

(6) $-4+1=$

(7) $-48+52=$

(8) $-1+9=$

(9) $-357+134=$

(10) $-93+36=$

(11) $-4+7.4=$

(12) $-1.3+0.6=$

(13) $-0.5+3.8=$

(14) $-1.4+2=$

(15) $-9+0.3=$

(16) $-0.3+0.9=$

(17) $-7.9+1.8=$

(18) $-3.2+8.1=$

(19) $-0.4+7=$

(20) $-2.88+2.56=$

(21) $-5\frac{3}{7}+2\frac{2}{7}=$

(22) $-\frac{2}{13}+8\frac{1}{13}=$

(23) $-\frac{7}{16}+\frac{15}{16}=$

(24) $-9\frac{1}{12}+4\frac{7}{12}=$

(25) $-10+7\frac{1}{2}=$

(26) $-\frac{1}{6}+1=$

(27) $-\frac{5}{22}+3\frac{7}{22}=$

(28) $-\frac{13}{14}+\frac{5}{14}=$

(29) $-1\frac{9}{20}+\frac{11}{20}=$

(30) $-3\frac{7}{8}+\frac{3}{8}=$

(31) $-3\frac{5}{9}+6\frac{4}{9}=$

(32) $-\frac{2}{11}+\frac{6}{11}=$

(33) $-5+\frac{2}{3}=$

(34) $-1\frac{1}{10}+3\frac{9}{10}=$

(35) $-\frac{16}{17}+\frac{11}{17}=$

(36) $-\frac{11}{18}+5\frac{5}{18}=$

● 표준완성시간 : 3~5분

평가	아주 잘함	잘함	보통	부족함
오답수	1~3	4~10	11~17	18~

이름 :
날짜 : 월 일
시간 : : ~ :

● 유리수의 덧셈과 뺄셈 I

♣ 다음 계산을 하여라.

(1) $-8-2=$

(2) $-3-3=$

(3) $-7-1=$

(4) $-9-7=$

(5) $-12-5=$

(6) $-36-59=$

(7) $-43-24=$

(8) $-18-47=$

(9) $-50-130=$

(10) $-136-164=$

(11) $-0.1-0.2=$

(12) $-0.3-0.3=$

(13) $-0.4-0.5=$

(14) $-0.3-0.2=$

(15) $-0.4-0.3=$

(16) $-5.4-2.5=$

(17) $-1.4-3.3=$

(18) $-4.8-5.1=$

(19) $-7.5-1.3=$

(20) $-3.2-2.7=$

(21) $-\frac{1}{7}-\frac{4}{7}=$

(22) $-\frac{4}{11}-\frac{2}{11}=$

(23) $-\frac{4}{15}-\frac{4}{15}=$

(24) $-\frac{7}{13}-\frac{4}{13}=$

(25) $-\frac{3}{10}-\frac{3}{10}=$

(26) $-\frac{1}{14}-\frac{5}{14}=$

(27) $-\frac{3}{8}-\frac{1}{8}=$

(28) $-\frac{5}{18}-\frac{11}{18}=$

(29) $-3-\frac{1}{4}=$

(30) $-2\frac{3}{8}-5=$

(31) $-\frac{4}{17}-1\frac{9}{17}=$

(32) $-3\frac{1}{9}-4\frac{1}{9}=$

(33) $-\frac{7}{9}-\frac{4}{9}=$

(34) $-5\frac{2}{11}-\frac{3}{11}=$

(35) $-\frac{3}{5}-2\frac{2}{5}=$

(36) $-1\frac{8}{9}-1\frac{7}{9}=$

● 표준완성시간 : 3~5분

평가	아주 잘함	잘함	보통	부족함
오답수	1~3	4~10	11~17	18~

이름 :
날짜 : 월 일
시간 : : ~ :

● 유리수의 덧셈과 뺄셈 1

♣ 다음 계산을 하여라.

(1) $-5-4=$

(2) $-21-36=$

(3) $-9-3=$

(4) $-160-40=$

(5) $-8-8=$

(6) $-49-27=$

(7) $-7-13=$

(8) $-1-6=$

(9) $-75-25=$

(10) $-278-134=$

(11) $-0.4-0.6=$

(12) $-6-3.2=$

(13) $-2.8-5.7=$

(14) $-0.3-4.2=$

(15) $-1.4-1.5=$

(16) $-2.5-4=$

(17) $-3-0.8=$

(18) $-0.9-5=$

(19) $-4.7-0.3=$

(20) $-0.57-3.02=$

(21) $-\frac{1}{4}-\frac{1}{4}=$

(22) $-\frac{6}{7}-2\frac{2}{7}=$

(23) $-\frac{5}{6}-8=$

(24) $-\frac{7}{12}-3\frac{11}{12}=$

(25) $-\frac{3}{8}-\frac{5}{8}=$

(26) $-\frac{13}{18}-\frac{11}{18}=$

(27) $-1\frac{9}{11}-6\frac{4}{11}=$

(28) $-2\frac{3}{14}-2\frac{9}{14}=$

(29) $-\frac{7}{8}-5\frac{7}{8}=$

(30) $-9-\frac{2}{5}=$

(31) $-\frac{7}{9}-\frac{7}{9}=$

(32) $-6\frac{8}{15}-\frac{2}{15}=$

(33) $-4-3\frac{3}{4}=$

(34) $-3\frac{9}{10}-1\frac{7}{10}=$

(35) $-\frac{3}{19}-\frac{10}{19}=$

(36) $-5\frac{2}{3}-4=$

● 표준완성시간 : 3~5분

평가	아주 잘함	잘함	보통	부족함
오답수	1~3	4~10	11~17	18~

이름 :
날짜 : 월 일
시간 : : ~ :

● 유리수의 덧셈과 뺄셈 1

♣ **보기**와 같이, 다음 계산을 하여라.

보기
- $4+2=6$
- $4-2=2$
- $-4+2=-2$
- $-4-2=-6$

(1) $3+5=$

(2) $3-5=$

(3) $-3+5=$

(4) $-3-5=$

(5) $7+3=$

(6) $7-3=$

(7) $-7+3=$

(8) $-7-3=$

(9) $6+8=$

(10) $6-8=$

(11) $-6+8=$

(12) $-6-8=$

(13) $15+4=$

(14) $15-4=$

(15) $-15+4=$

(16) $-15-4=$

(17) $9+17=$

(18) $9-17=$

(19) $-9+17=$

(20) $-9-17=$

보기

- $\frac{1}{5}+\frac{2}{5}=\frac{3}{5}$
- $\frac{1}{5}-\frac{2}{5}=-\frac{1}{5}$
- $-\frac{1}{5}+\frac{2}{5}=\frac{1}{5}$
- $-\frac{1}{5}-\frac{2}{5}=-\frac{3}{5}$

(21) $\frac{2}{7}+\frac{4}{7}=$

(22) $\frac{2}{7}-\frac{4}{7}=$

(23) $-\frac{2}{7}+\frac{4}{7}=$

(24) $-\frac{2}{7}-\frac{4}{7}=$

(25) $\frac{4}{11}+\frac{3}{11}=$

(26) $\frac{4}{11}-\frac{3}{11}=$

(27) $-\frac{4}{11}+\frac{3}{11}=$

(28) $-\frac{4}{11}-\frac{3}{11}=$

(29) $\frac{7}{13}+\frac{5}{13}=$

(30) $\frac{7}{13}-\frac{5}{13}=$

(31) $-\frac{7}{13}+\frac{5}{13}=$

(32) $-\frac{7}{13}-\frac{5}{13}=$

(33) $\frac{6}{17}+\frac{8}{17}=$

(34) $\frac{6}{17}-\frac{8}{17}=$

(35) $-\frac{6}{17}+\frac{8}{17}=$

(36) $-\frac{6}{17}-\frac{8}{17}=$

● 표준완성시간 : 3~5분

평가	아주 잘함	잘함	보통	부족함
오답수	1~3	4~10	11~17	18~

이름 :
날짜 : 월 일
시간 : : ~ :

● 유리수의 덧셈과 뺄셈 1

♣ **보기**와 같이, 다음 계산을 하여라.

보기
- $12+25=37$
- $25+12=37$
- $12-25=-13$
- $25-12=13$

(1) $-44+31=$

(2) $-44-31=$

(3) $-31+44=$

(4) $-31-44=$

(5) $23+65=$

(6) $23-65=$

(7) $-65+23=$

(8) $-65-23=$

(9) $-57+19=$

(10) $-57-19=$

(11) $19+57=$

(12) $19-57=$

(13) $59+71=$

(14) $-59+71=$

(15) $71-59=$

(16) $-71-59=$

(17) $0.8-0.6=$

(18) $-0.8-0.6=$

(19) $0.6+0.8=$

(20) $-0.6+0.8=$

보기

- $\frac{8}{11}+\frac{2}{11}=\frac{10}{11}$
- $\frac{8}{11}-\frac{2}{11}=\frac{6}{11}$
- $\frac{2}{11}+\frac{8}{11}=\frac{10}{11}$
- $\frac{2}{11}-\frac{8}{11}=-\frac{6}{11}$

(21) $-\frac{5}{13}+\frac{10}{13}=$

(22) $-\frac{5}{13}-\frac{10}{13}=$

(23) $-\frac{10}{13}+\frac{5}{13}=$

(24) $-\frac{10}{13}-\frac{5}{13}=$

(25) $\frac{7}{14}+\frac{5}{14}=$

(26) $\frac{7}{14}-\frac{5}{14}=$

(27) $-\frac{5}{14}+\frac{7}{14}=$

(28) $-\frac{5}{14}-\frac{7}{14}=$

(29) $-3+\frac{5}{6}=$

(30) $-3-\frac{5}{6}=$

(31) $\frac{5}{6}+3=$

(32) $\frac{5}{6}-3=$

(33) $2\frac{3}{16}+5\frac{7}{16}=$

(34) $-2\frac{3}{16}+5\frac{7}{16}=$

(35) $5\frac{7}{16}-2\frac{3}{16}=$

(36) $-5\frac{7}{16}-2\frac{3}{16}=$

● 표준완성시간 : 3~5분

평가	아주 잘함	잘함	보통	부족함
오답수	1~3	4~10	11~17	18~

이름 :
날짜 : 월 일
시간 : : ~ :

● 유리수의 덧셈과 뺄셈 1

♣ 다음 계산을 하여라.

(1) $7-2=$

(2) $-2+7=$

(3) $-9+5=$

(4) $5-9=$

(5) $-6-10=$

(6) $-10-6=$

(7) $14-56=$

(8) $-56+14=$

(9) $-32+47=$

(10) $47-32=$

(11) $-25-14=$

(12) $-14-25=$

(13) $7.8-5.6=$

(14) $-5.6+7.8=$

(15) $-6.7+5.3=$

(16) $5.3-6.7=$

(17) $-2.5-3.4=$

(18) $-3.4-2.5=$

(19) $0.26-0.69=$

(20) $-0.69+0.26=$

(21) $\frac{2}{5}-\frac{3}{5}=$

(22) $-\frac{3}{5}+\frac{2}{5}=$

(23) $-\frac{3}{7}+\frac{5}{7}=$

(24) $\frac{5}{7}-\frac{3}{7}=$

(25) $-\frac{1}{11}-\frac{2}{11}=$

(26) $-\frac{2}{11}-\frac{1}{11}=$

(27) $4\frac{5}{13}-1\frac{3}{13}=$

(28) $-1\frac{3}{13}+4\frac{5}{13}=$

(29) $-5\frac{11}{15}+3\frac{7}{15}=$

(30) $3\frac{7}{15}-5\frac{11}{15}=$

(31) $-2\frac{5}{17}-6\frac{4}{17}=$

(32) $-6\frac{4}{17}-2\frac{5}{17}=$

(33) $\frac{4}{9}-5=$

(34) $-5+\frac{4}{9}=$

(35) $-3\frac{3}{10}+4=$

(36) $4-3\frac{3}{10}=$

● 표준완성시간 : 3~5분

평가	아주 잘함	잘함	보통	부족함
오답수	1~4	5~11	12~19	20~

이름 :
날짜 : 월 일
시간 : : ~ :

● 유리수의 덧셈과 뺄셈 1

♣ 다음 계산을 하여라.

(1) $4+2=$

(2) $6-10=$

(3) $-2-2=$

(4) $-1+7=$

(5) $0-8=$

(6) $4+9=$

(7) $-9+2=$

(8) $8-6=$

(9) $-3-9=$

(10) $-5+10=$

(11) $-8-2=$

(12) $-4+1=$

(13) $5+4=$

(14) $7-2=$

(15) $-3+6=$

(16) $-6-5=$

(17) $2-9=$

(18) $8+7=$

(19) $-5+5=$

(20) $10-4=$

(21) $9-15=$

(22) $13+7=$

(23) $-2+19=$

(24) $-15-8=$

(25) $16-2=$

(26) $-32+4=$

(27) $3+82=$

(28) $7-74=$

(29) $-54-2=$

(30) $-4+25=$

(31) $-23-38=$

(32) $55-20=$

(33) $-42+14=$

(34) $38-41=$

(35) $75+14=$

(36) $-127-6=$

(37) $-20+449=$

(38) $4-345=$

(39) $236+34=$

(40) $-706+159=$

● 표준완성시간 : 3~5분

평가	아주 잘함	잘함	보통	부족함
오답수	1~4	5~11	12~19	20~

이름 :	
날짜 :	월 일
시간 :	: ~ :

● 유리수의 덧셈과 뺄셈 1

♣ 다음 계산을 하여라.

(1) $0.4+0.1=$

(2) $-0.3+0.2=$

(3) $0.8-0.1=$

(4) $-0.2-0.4=$

(5) $-0.3+0.5=$

(6) $0.2+0.6=$

(7) $0.1-0.4=$

(8) $-0.3-0.6=$

(9) $-0.1+0.1=$

(10) $0.2-0.5=$

(11) $-0.2-0.2=$

(12) $0.1-0.3=$

(13) $0.5+0.4=$

(14) $-0.4+0.2=$

(15) $0.5-0.3=$

(16) $-0.1-0.7=$

(17) $-0.4+0.3=$

(18) $0.3+0.4=$

(19) $0.5-0.1=$

(20) $-0.2+0.7=$

(21) $1.9-0.7=$

(22) $-0.6-1.5=$

(23) $-0.2+1.8=$

(24) $1.1+0.9=$

(25) $0.6-1.3=$

(26) $-1.7+6.9=$

(27) $-4.3-2.3=$

(28) $3.9-5.6=$

(29) $6.9+2.4=$

(30) $-7.8+1.9=$

(31) $0.7-9=$

(32) $5+0.8=$

(33) $-5+2.3=$

(34) $5.6-3=$

(35) $0.21-3.4=$

(36) $-1.35+0.11=$

(37) $0.8+2.68=$

(38) $2.7-0.48=$

(39) $-0.12+0.45=$

(40) $-1.29-3.59=$

● 표준완성시간 : 3~5분

평가	아주 잘함	잘함	보통	부족함
오답수	1~3	4~9	10~15	16~

이름 :
날짜 : 월 일
시간 : : ~ :

● 유리수의 덧셈과 뺄셈 1

♣ 다음 계산을 하여라.

(1) $\frac{1}{5}-\frac{3}{5}=$

(2) $\frac{7}{19}+\frac{2}{19}=$

(3) $-\frac{5}{13}+\frac{11}{13}=$

(4) $-\frac{4}{7}-\frac{1}{7}=$

(5) $\frac{10}{11}-\frac{7}{11}=$

(6) $\frac{1}{9}+\frac{4}{9}=$

(7) $-\frac{3}{5}+\frac{2}{5}=$

(8) $\frac{5}{7}-\frac{6}{7}=$

(9) $-\frac{2}{3}+\frac{1}{3}=$

(10) $-\frac{1}{11}-\frac{4}{11}=$

(11) $\frac{8}{9}-\frac{1}{9}=$

(12) $\frac{3}{21}+\frac{10}{21}=$

(13) $-\frac{6}{7}+\frac{4}{7}=$

(14) $\frac{4}{13}-\frac{8}{13}=$

(15) $-\frac{3}{17}-\frac{5}{17}=$

(16) $-\frac{6}{11}+\frac{8}{11}=$

(17) $\frac{1}{6}+\frac{1}{6}=$

(18) $-\frac{11}{12}+\frac{1}{12}=$

(19) $\frac{5}{8}-\frac{1}{8}=$

(20) $-\frac{1}{9}-\frac{2}{9}=$

(21) $\frac{7}{16}+\frac{5}{16}=$

(22) $-\frac{5}{9}+\frac{8}{9}=$

(23) $-\frac{4}{15}-\frac{2}{15}=$

(24) $-\frac{5}{14}-\frac{11}{14}=$

(25) $-\frac{3}{4}+3=$

(26) $-7-\frac{3}{5}=$

(27) $1\frac{1}{2}+2=$

(28) $5\frac{7}{9}-9=$

(29) $-\frac{7}{11}-1\frac{6}{11}=$

(30) $3\frac{7}{10}-\frac{9}{10}=$

(31) $5\frac{5}{8}-6\frac{1}{8}=$

(32) $-9\frac{7}{20}+4\frac{13}{20}=$

● 표준완성시간 : 3~5분

평가	아주 잘함	잘함	보통	부족함
오답수	1~3	4~10	11~17	18~

이름 :
날짜 : 월 일
시간 : : ~ :

● 유리수의 덧셈과 뺄셈 Ⅰ

♣ 다음 계산을 하여라.

(1) $242+20=$

(2) $8-2=$

(3) $-15-44=$

(4) $54-72=$

(5) $-13+5=$

(6) $42+7=$

(7) $3-31=$

(8) $-4-7=$

(9) $-30+47=$

(10) $123-416=$

(11) $4-0.2=$

(12) $-0.9+0.9=$

(13) $2.5-2.1=$

(14) $4.89+1.24=$

(15) $-2.5-0.6=$

(16) $0.8-0.4=$

(17) $-6.8+5=$

(18) $0.5+0.9=$

(19) $-3.2-2.7=$

(20) $-0.13+2.54=$

(21) $-4\frac{6}{11}+4\frac{10}{11}=$

(22) $\frac{2}{3}+\frac{2}{3}=$

(23) $7-\frac{2}{3}=$

(24) $-1\frac{5}{8}-4=$

(25) $\frac{9}{11}-6\frac{2}{11}=$

(26) $-\frac{4}{5}+\frac{3}{5}=$

(27) $-\frac{3}{5}+5=$

(28) $5\frac{7}{8}-3\frac{5}{8}=$

(29) $-\frac{3}{4}-6=$

(30) $-1\frac{3}{16}-1\frac{7}{16}=$

(31) $-\frac{7}{10}-\frac{1}{10}=$

(32) $\frac{3}{8}+9=$

(33) $\frac{8}{11}-\frac{2}{11}=$

(34) $2\frac{4}{5}+1\frac{2}{5}=$

(35) $1\frac{3}{7}-9=$

(36) $-6\frac{5}{6}+6=$

● 표준완성시간 : 3~5분

평가	아주 잘함	잘함	보통	부족함
오답수	1~3	4~10	11~17	18~

이름 :
날짜 : 월 일
시간 : : ~ :

● 유리수의 덧셈과 뺄셈 1

♣ 다음 계산을 하여라.

(1) $-9+5=$

(2) $70-43=$

(3) $-66-29=$

(4) $8+7=$

(5) $-21+65=$

(6) $-5-26=$

(7) $-27+635=$

(8) $11-8=$

(9) $-6-594=$

(10) $-9+68=$

(11) $-0.2-0.6=$

(12) $-8.7+7.2=$

(13) $0.94-0.54=$

(14) $-0.9+7=$

(15) $-6.61+3.19=$

(16) $0.7-0.9=$

(17) $-10-5.03=$

(18) $-1.3-3.9=$

(19) $3.7+2=$

(20) $0.5-8.3=$

(21) $\frac{1}{4}-\frac{3}{4}=$

(22) $-3-\frac{1}{2}=$

(23) $-5\frac{5}{12}+6\frac{7}{12}=$

(24) $1\frac{7}{10}-\frac{3}{10}=$

(25) $-\frac{9}{17}-\frac{13}{17}=$

(26) $-\frac{7}{15}+1\frac{2}{15}=$

(27) $\frac{5}{7}-4=$

(28) $1\frac{5}{9}+3\frac{7}{9}=$

(29) $-\frac{3}{14}-8\frac{1}{14}=$

(30) $\frac{5}{12}+\frac{1}{12}=$

(31) $-1+\frac{7}{10}=$

(32) $2\frac{5}{13}-7\frac{6}{13}=$

(33) $\frac{6}{7}+2\frac{3}{7}=$

(34) $3-4\frac{1}{3}=$

(35) $-\frac{2}{9}+\frac{8}{9}=$

(36) $-3\frac{5}{7}-4\frac{2}{7}=$

● 유리수의 덧셈과 뺄셈 ①

♣ 다음 계산을 하여라.

(1) $-21+16=$

(2) $55-4=$

(3) $-6+6=$

(4) $368-7=$

(5) $68+16=$

(6) $1-7=$

(7) $-29+5=$

(8) $-906+401=$

(9) $38-39=$

(10) $-9-8=$

(11) $2.4-9.1=$

(12) $3.5+1.2=$

(13) $-5-0.5=$

(14) $-2.9+0.6=$

(15) $6-9.9=$

(16) $-0.92-0.76=$

(17) $-0.6-0.5=$

(18) $0.38-7=$

(19) $-0.5+0.8=$

(20) $-4.8+5.3=$

(21) $4+2\frac{9}{10}=$

(22) $-7\frac{2}{5}+\frac{3}{5}=$

(23) $\frac{4}{13}-\frac{9}{13}=$

(24) $-7-3\frac{1}{4}=$

(25) $-6\frac{1}{10}+2\frac{3}{10}=$

(26) $5-2\frac{2}{5}=$

(27) $\frac{7}{8}+\frac{5}{8}=$

(28) $-2\frac{3}{4}-1\frac{3}{4}=$

(29) $-\frac{5}{7}+\frac{3}{7}=$

(30) $-2+6\frac{5}{9}=$

(31) $3\frac{1}{15}+3\frac{4}{15}=$

(32) $-2+\frac{1}{6}=$

(33) $3\frac{4}{9}+\frac{2}{9}=$

(34) $-\frac{5}{6}-\frac{5}{6}=$

(35) $-2\frac{6}{7}-\frac{6}{7}=$

(36) $1\frac{5}{6}-4\frac{1}{6}=$

● 표준완성시간 : 3~5분

평가	아주 잘함	잘함	보통	부족함
오답수	1~3	4~10	11~17	18~

이름 :
날짜 : 월 일
시간 : : ~ :

● 유리수의 덧셈과 뺄셈 [1]

♣ 다음 계산을 하여라.

(1) $-7-7=$

(2) $-232-24=$

(3) $27+15=$

(4) $-84+8=$

(5) $19-34=$

(6) $-6+11=$

(7) $8-75=$

(8) $-92+88=$

(9) $-158+465=$

(10) $8-17=$

(11) $-9+0.7=$

(12) $0.2+7.8=$

(13) $-0.72+0.26=$

(14) $5.1-0.4=$

(15) $-5.7-2.6=$

(16) $0.9-2=$

(17) $-4+6.3=$

(18) $0.3-0.8=$

(19) $-1.6-9=$

(20) $3.48+1.52=$

(21) $\frac{3}{8}-3=$

(22) $-\frac{3}{4}+9=$

(23) $-\frac{14}{15}-3\frac{7}{15}=$

(24) $10+\frac{2}{5}=$

(25) $-\frac{9}{14}+\frac{11}{14}=$

(26) $2-1\frac{5}{9}=$

(27) $-3\frac{1}{3}-7=$

(28) $-7\frac{13}{18}+9\frac{7}{18}=$

(29) $\frac{8}{9}+\frac{8}{9}=$

(30) $-5-\frac{4}{7}=$

(31) $2\frac{5}{6}-6=$

(32) $-1\frac{11}{16}+\frac{5}{16}=$

(33) $5\frac{6}{7}-1\frac{2}{7}=$

(34) $-6\frac{8}{11}+6=$

(35) $\frac{3}{8}+\frac{3}{8}=$

(36) $\frac{5}{9}-4\frac{2}{9}=$

개인별·능력별 학습 프로그램

교재 등급
K단계 교재 31~45

기탄수학

학습 일정 관리표

공부한 날	교재 번호	오답 수	소요 시간	공부한 날	교재 번호	오답 수	소요 시간
.	31			.	40		
.	32			.	41		
.	33			.	42		
.	34			.	43		
.	35			.	44		
.	36			.	45		
.	37			평 균			
.	38			종합 평가	Ⓐ 아주 잘함 Ⓑ 잘함 Ⓒ 보통 Ⓓ 부족함		
.	39						

이번주는?				
· 학습 방법	① 매일매일	② 가끔	③ 한꺼번에	– 하였습니다.
· 학습 태도	① 스스로 잘	② 시켜서 억지로		– 하였습니다.
· 학습 흥미	① 재미있게	② 싫증내며		– 하였습니다.
· 교재 내용	① 적합하다고	② 어렵다고	③ 쉽다고	– 하였습니다.

지도 교사가 부모님께	부모님이 지도 교사께

원(교) 반 이름 전화 –

기초 탄탄한 교육 · 기초 탄탄한 학습
기탄교육
www.gitan.co.kr / (02)586-1007(대)

◀ K교재 학습 목표 ▶

유리수의 덧셈, 뺄셈, 곱셈, 나눗셈을 연습해서 유리수의 계산력을 키워요.

■ K교재 (31~45) 학습 내용

교재 번호	내 용	표준완성시간
31	유리수의 덧셈과 뺄셈 2	3~5분
32	〃	
33	〃	
34	〃	
35	〃	
36	〃	
37	〃	
38	〃	
39	〃	
40	〃	
41	〃	
42	〃	
43	〃	
44	〃	
45	〃	

● **학습 목표**

분모가 다른 진분수의 덧셈과 뺄셈을 종합적으로 연습하여 자유자재로 계산할 수 있도록 학습합니다. 또한 덧셈과 뺄셈이 혼합된 식의 계산 순서를 이해하고 자유자재로 계산할 수 있도록 학습합니다.

● **지도 포인트**

분모가 다른 분수의 덧셈과 뺄셈을 능숙하게 계산하기 위해서는 최소공배수를 쉽게 구할 수 있어야 합니다. 최소공배수를 직관적으로 구할 수 있는지 점검하여 주십시오.

지도 요점

❖ 유리수의 덧셈과 뺄셈

- $\frac{2}{5}-\frac{1}{2}=\frac{4}{10}-\frac{5}{10}=-\left(\frac{5}{10}-\frac{4}{10}\right)=-\frac{1}{10}$
- $-\frac{3}{8}+\frac{1}{2}=-\frac{3}{8}+\frac{4}{8}=+\left(\frac{4}{8}-\frac{3}{8}\right)=\frac{1}{8}$
- $-\frac{2}{3}+\frac{2}{5}=-\frac{10}{15}+\frac{6}{15}=-\left(\frac{10}{15}-\frac{6}{15}\right)=-\frac{4}{15}$
- $-\frac{1}{4}-\frac{5}{6}=-\frac{3}{12}-\frac{10}{12}=-\left(\frac{3}{12}+\frac{10}{12}\right)=-\frac{13}{12}=-1\frac{1}{12}$

분모가 서로 다른 유리수의 계산은 분모의 최소공배수로 통분하여 계산한다.

❖ 유리수의 덧셈과 뺄셈의 혼합 계산

- $3-9+5=-6+5=-1$
- $-\frac{7}{9}+\frac{2}{9}-\frac{8}{9}=-\frac{5}{9}-\frac{8}{9}=-\frac{13}{9}=-1\frac{4}{9}$
- $-\frac{1}{3}-\frac{2}{5}+\frac{14}{15}=-\frac{5}{15}-\frac{6}{15}+\frac{14}{15}=-\frac{11}{15}+\frac{14}{15}=\frac{3}{15}=\frac{1}{5}$

유리수의 덧셈과 뺄셈의 혼합 계산은 앞에서부터 차례대로 계산한다.

● 표준완성시간 : 3~5분

평가	아주 잘함	잘함	보통	부족함
오답수	1	2~4	5~7	8~

이름 :
날짜 : 월 일
시간 : : ~ :

● 유리수의 덧셈과 뺄셈 2

♣ **보기**와 같이, 다음 계산을 하여라.

보기

- $\frac{1}{4}-\frac{1}{5}=\frac{5}{20}-\frac{4}{20}=\frac{1}{20}$
- $\frac{1}{5}-\frac{1}{4}=\frac{4}{20}-\frac{5}{20}=-\frac{1}{20}$

(1) $\frac{1}{2}-\frac{1}{3}=\frac{\boxed{3}}{6}-\frac{\boxed{2}}{6}=\frac{\boxed{1}}{6}$

(2) $\frac{1}{3}-\frac{1}{2}=\frac{\boxed{2}}{6}-\frac{\boxed{3}}{6}=-\frac{\boxed{1}}{6}$

(3) $\frac{1}{5}-\frac{1}{6}=$

(4) $\frac{1}{6}-\frac{1}{5}=$

(5) $\frac{1}{2}-\frac{1}{8}=$

(6) $\frac{1}{8}-\frac{1}{2}=$

(7) $\frac{1}{3}-\frac{1}{6}=$

(8) $\frac{1}{6}-\frac{1}{3}=$

(9) $\frac{1}{5}-\frac{1}{10}=$

(10) $\frac{1}{10}-\frac{1}{5}=$

(11) $\frac{1}{4}-\frac{1}{6}=$

(12) $\frac{1}{6}-\frac{1}{4}=$

(13) $\frac{1}{4}-\frac{1}{10}=$

(14) $\frac{1}{10}-\frac{1}{4}=$

(15) $\frac{1}{6}-\frac{1}{9}=$

(16) $\frac{1}{9}-\frac{1}{6}=$

● 표준완성시간 : 3~5분

평가	아주 잘함	잘함	보통	부족함
오답수	1	2~4	5~7	8~

이름 :
날짜 : 월 일
시간 : : ~ :

● 유리수의 덧셈과 뺄셈 2

♣ 다음 계산을 하여라.

(1) $\frac{2}{3}-\frac{1}{2}=$

(2) $\frac{1}{3}-\frac{4}{5}=$

(3) $\frac{1}{2}-\frac{3}{4}=$

(4) $\frac{7}{8}-\frac{1}{4}=$

(5) $\frac{2}{3}-\frac{8}{9}=$

(6) $\frac{3}{4}-\frac{3}{14}=$

(7) $\frac{1}{12}-\frac{5}{9}=$

(8) $\frac{5}{8}-\frac{7}{12}=$

(9) $\frac{3}{14}-\frac{1}{7}=$

(10) $\frac{1}{5}-\frac{2}{7}=$

(11) $\frac{5}{6}-\frac{5}{12}=$

(12) $\frac{4}{15}-\frac{3}{5}=$

(13) $\frac{5}{18}-\frac{3}{4}=$

(14) $\frac{3}{8}-\frac{2}{9}=$

(15) $\frac{5}{12}-\frac{11}{15}=$

(16) $\frac{3}{10}-\frac{2}{15}=$

● 표준완성시간 : 3~5분

평가	아주 잘함	잘함	보통	부족함
오답수	1	2~4	5~7	8~

이름 :
날짜 : 월 일
시간 : : ~ :

● 유리수의 덧셈과 뺄셈 2

♣ **보기**와 같이, 다음 계산을 하여라.

보기

• $-\frac{1}{5}+\frac{1}{2}=-\frac{2}{10}+\frac{5}{10}=\frac{3}{10}$

• $-\frac{1}{2}+\frac{1}{5}=-\frac{5}{10}+\frac{2}{10}=-\frac{3}{10}$

(1) $-\frac{1}{4}+\frac{1}{3}=-\frac{\boxed{3}}{12}+\frac{\boxed{4}}{12}=\frac{\boxed{1}}{12}$

(2) $-\frac{1}{3}+\frac{1}{4}=-\frac{\boxed{4}}{12}+\frac{\boxed{3}}{12}=-\frac{\boxed{1}}{12}$

(3) $-\frac{1}{7}+\frac{1}{2}=$

(4) $-\frac{1}{2}+\frac{1}{7}=$

(5) $-\frac{1}{4}+\frac{1}{2}=$

(6) $-\frac{1}{2}+\frac{1}{4}=$

(7) $-\frac{1}{8}+\frac{1}{4}=$

(8) $-\frac{1}{4}+\frac{1}{8}=$

(9) $-\frac{1}{12}+\frac{1}{6}=$

(10) $-\frac{1}{6}+\frac{1}{12}=$

(11) $-\frac{1}{8}+\frac{1}{6}=$

(12) $-\frac{1}{6}+\frac{1}{8}=$

(13) $-\frac{1}{14}+\frac{1}{4}=$

(14) $-\frac{1}{4}+\frac{1}{14}=$

(15) $-\frac{1}{15}+\frac{1}{10}=$

(16) $-\frac{1}{10}+\frac{1}{15}=$

● 표준완성시간 : 3~5분

평가	아주 잘함	잘함	보통	부족함
오답수	1	2~4	5~7	8~

이름 :
날짜 : 월 일
시간 : : ~ :

● 유리수의 덧셈과 뺄셈 2

♣ 다음 계산을 하여라.

(1) $-\frac{1}{6}+\frac{4}{5}=$

(2) $-\frac{3}{5}+\frac{1}{4}=$

(3) $-\frac{5}{8}+\frac{3}{4}=$

(4) $-\frac{7}{10}+\frac{2}{5}=$

(5) $-\frac{2}{3}+\frac{5}{6}=$

(6) $-\frac{3}{4}+\frac{1}{6}=$

(7) $-\frac{2}{9}+\frac{5}{6}=$

(8) $-\frac{7}{10}+\frac{4}{15}=$

(9) $-\frac{4}{9}+\frac{7}{12}=$

(10) $-\frac{4}{5}+\frac{2}{3}=$

(11) $-\frac{3}{14}+\frac{5}{7}=$

(12) $-\frac{2}{3}+\frac{2}{9}=$

(13) $-\frac{5}{12}+\frac{7}{20}=$

(14) $-\frac{1}{2}+\frac{7}{9}=$

(15) $-\frac{5}{8}+\frac{11}{12}=$

(16) $-\frac{1}{2}+\frac{1}{6}=$

● 표준완성시간 : 3~5분

평가	아주 잘함	잘함	보통	부족함
오답수	1	2~4	5~7	8~

이름 :		
날짜 :	월	일
시간 :	: ~	:

● 유리수의 덧셈과 뺄셈 2

♣ **보기**와 같이, 다음 계산을 하여라.

보기

- $-\frac{1}{2}-\frac{1}{3}=-\frac{3}{6}-\frac{2}{6}=-\frac{5}{6}$
- $-\frac{1}{3}-\frac{1}{2}=-\frac{2}{6}-\frac{3}{6}=-\frac{5}{6}$

(1) $-\frac{1}{3}-\frac{1}{5}=-\frac{\boxed{5}}{15}-\frac{\boxed{3}}{15}=-\frac{\boxed{8}}{15}$

(2) $-\frac{1}{5}-\frac{1}{3}=-\frac{\boxed{3}}{15}-\frac{\boxed{5}}{15}=-\frac{\boxed{8}}{15}$

(3) $-\frac{1}{14}-\frac{1}{7}=$

(4) $-\frac{1}{7}-\frac{1}{14}=$

(5) $-\frac{1}{6}-\frac{1}{15}=$

(6) $-\frac{1}{15}-\frac{1}{6}=$

(7) $-\frac{1}{12}-\frac{1}{9}=$

(8) $-\frac{1}{9}-\frac{1}{12}=$

(9) $-\frac{3}{4}-\frac{1}{7}=$

(10) $-\frac{2}{3}-\frac{2}{9}=$

(11) $-\frac{1}{12}-\frac{3}{8}=$

(12) $-\frac{4}{11}-\frac{1}{3}=$

(13) $-\frac{4}{5}-\frac{1}{15}=$

(14) $-\frac{5}{8}-\frac{3}{10}=$

(15) $-\frac{7}{12}-\frac{1}{6}=$

(16) $-\frac{1}{6}-\frac{2}{15}=$

● 표준완성시간 : 3~5분

평가	아주 잘함	잘함	보통	부족함
오답수	1	2~4	5~7	8~

이름 :
날짜 : 월 일
시간 : : ~ :

● 유리수의 덧셈과 뺄셈 2

♣ 다음 계산을 하여라.

(1) $\frac{1}{4}+\frac{2}{5}=$

(2) $\frac{1}{4}-\frac{2}{5}=$

(3) $-\frac{1}{4}+\frac{2}{5}=$

(4) $-\frac{1}{4}-\frac{2}{5}=$

(5) $\frac{1}{2}+\frac{3}{8}=$

(6) $\frac{1}{2}-\frac{3}{8}=$

(7) $-\frac{1}{2}+\frac{3}{8}=$

(8) $-\frac{1}{2}-\frac{3}{8}=$

(9) $\frac{1}{6}+\frac{5}{8}=$

(10) $\frac{1}{6}-\frac{5}{8}=$

(11) $-\frac{1}{6}+\frac{5}{8}=$

(12) $-\frac{1}{6}-\frac{5}{8}=$

(13) $\frac{5}{6}+\frac{1}{14}=$

(14) $\frac{5}{6}-\frac{1}{14}=$

(15) $-\frac{5}{6}+\frac{1}{14}=$

(16) $-\frac{5}{6}-\frac{1}{14}=$

● 표준완성시간 : 3~5분

평가	아주 잘함	잘함	보통	부족함
오답수	1	2~4	5~7	8~

이름 :		
날짜 :	월	일
시간 :	: ~ :	

● 유리수의 덧셈과 뺄셈 2

♣ 다음 계산을 하여라.

(1) $\frac{1}{7}-\frac{1}{3}=$

(2) $-\frac{1}{3}+\frac{1}{7}=$

(3) $-\frac{2}{5}+\frac{4}{7}=$

(4) $\frac{4}{7}-\frac{2}{5}=$

(5) $-\frac{1}{8}-\frac{2}{5}=$

(6) $-\frac{2}{5}-\frac{1}{8}=$

(7) $\frac{2}{5}-\frac{1}{10}=$

(8) $-\frac{1}{10}+\frac{2}{5}=$

(9) $-\frac{2}{7}+\frac{6}{35}=$

(10) $\frac{6}{35}-\frac{2}{7}=$

(11) $-\frac{1}{6}-\frac{1}{24}=$

(12) $-\frac{1}{24}-\frac{1}{6}=$

(13) $\frac{2}{15}-\frac{5}{9}=$

(14) $-\frac{5}{9}+\frac{2}{15}=$

(15) $-\frac{7}{9}+\frac{5}{6}=$

(16) $\frac{5}{6}-\frac{7}{9}=$

● 유리수의 덧셈과 뺄셈 2

♣ 다음 계산을 하여라.

(1) $-\frac{8}{15}-\frac{1}{3}=$

(2) $\frac{3}{7}+\frac{3}{8}=$

(3) $\frac{7}{9}-\frac{5}{12}=$

(4) $-\frac{2}{15}+\frac{1}{18}=$

(5) $\frac{2}{5}-\frac{4}{9}=$

(6) $\frac{5}{12}+\frac{5}{18}=$

(7) $-\frac{3}{8}+\frac{9}{16}=$

(8) $-\frac{1}{4}-\frac{5}{18}=$

(9) $-\frac{1}{2}-\frac{2}{9}=$

(10) $\frac{1}{12}+\frac{3}{4}=$

(11) $-\frac{4}{7}+\frac{5}{8}=$

(12) $-\frac{3}{10}-\frac{1}{6}=$

(13) $\frac{1}{6}+\frac{7}{9}=$

(14) $\frac{7}{40}-\frac{4}{5}=$

(15) $\frac{7}{12}-\frac{9}{16}=$

(16) $-\frac{7}{30}+\frac{1}{12}=$

● 표준완성시간 : 3~5분

평가	아주 잘함	잘함	보통	부족함
오답수	1	2~4	5~7	8~

이름 :
날짜 : 월 일
시간 : : ~ :

● 유리수의 덧셈과 뺄셈 2

♣ 다음 계산을 하여라.

(1) $\frac{2}{3}+\frac{3}{4}=$

(2) $-3\frac{3}{8}-2\frac{5}{12}=$

(3) $6\frac{1}{12}-\frac{5}{6}=$

(4) $-\frac{5}{6}+9\frac{4}{15}=$

(5) $1\frac{3}{8}-2\frac{7}{10}=$

(6) $2\frac{1}{6}+\frac{3}{10}=$

(7) $-\frac{9}{28}-\frac{5}{7}=$

(8) $-5\frac{2}{3}+\frac{1}{8}=$

(9) $\frac{1}{4}-2\frac{1}{6}=$

(10) $-\frac{9}{14}+\frac{5}{6}=$

(11) $\frac{2}{9}+5\frac{1}{3}=$

(12) $-7\frac{1}{2}-\frac{4}{5}=$

(13) $-2\frac{3}{5}+2\frac{2}{15}=$

(14) $-\frac{3}{10}-4\frac{4}{15}=$

(15) $\frac{3}{4}-\frac{2}{5}=$

(16) $1\frac{7}{10}+1\frac{7}{15}=$

● 표준완성시간 : 3~5분

평가	아주 잘함	잘함	보통	부족함
오답수	1	2~4	5~7	8~

이름 :
날짜 : 월 일
시간 : : ~ :

유리수의 덧셈과 뺄셈 2

♣ 다음 계산을 하여라.

(1) $1\frac{5}{12}+\frac{2}{15}=$

(2) $-\frac{2}{3}-\frac{7}{10}=$

(3) $-7\frac{3}{5}+\frac{7}{20}=$

(4) $-4\frac{1}{12}-2\frac{3}{4}=$

(5) $\frac{5}{6}-\frac{1}{3}=$

(6) $-\frac{5}{7}+4\frac{1}{8}=$

(7) $-\frac{2}{15}-3\frac{1}{18}=$

(8) $5\frac{1}{7}-\frac{3}{4}=$

(9) $2\frac{11}{18}+2\frac{5}{9}=$

(10) $\frac{1}{6}-4\frac{13}{15}=$

(11) $-4\frac{1}{6}+3\frac{7}{15}=$

(12) $\frac{1}{2}+\frac{4}{9}=$

(13) $-0.3+\frac{4}{5}=$

(14) $4.2-6\frac{1}{2}=$

(15) $\frac{13}{20}+2.75=$

(16) $-1.33-6\frac{3}{4}=$

● 유리수의 덧셈과 뺄셈 [2]

♣ **보기**와 같이, 다음 계산을 하여라.

보기
- $2-7+3=-5+3=-2$
- $-2+7-3=5-3=2$

(1) $3+4+9=$ [7] $+9=$ [16]

(2) $3+4-9=$ [7] $-9=$ [ ]

(3) $3-4+9=$

(4) $3-4-9=$

(5) $-3+4+9=$

(6) $-3+4-9=$

(7) $-3-4+9=$

(8) $-3-4-9=$

(9) $5+2-8=$

(10) $5-2-8=$

(11) $-5+2+8=$

(12) $-5-2+8=$

(13) $3-5+4=$

(14) $3-5-4=$

(15) $-3+5-4=$

(16) $-3-5-4=$

(17) $7+6-3=$

(18) $7-6-3=$

(19) $-7+6-3=$

(20) $-7-6-3=$

● 표준완성시간 : 3~5분

평가	아주 잘함	잘함	보통	부족함
오답수	1	2~4	5~7	8~

이름 :
날짜 : 월 일
시간 : : ~ :

● 유리수의 덧셈과 뺄셈 2

♣ **보기**와 같이, 다음 계산을 하여라.

보기 $\frac{1}{9}+\frac{4}{9}+\frac{7}{9}=\frac{5}{9}+\frac{7}{9}=\frac{12}{9}=\frac{4}{3}=1\frac{1}{3}$

(1) $\frac{1}{9}+\frac{4}{9}-\frac{7}{9}=\frac{\boxed{5}}{9}-\frac{7}{9}=-\frac{\boxed{2}}{9}$

(2) $\frac{1}{9}-\frac{4}{9}+\frac{7}{9}=-\frac{\boxed{3}}{9}+\frac{7}{9}=\frac{\boxed{}}{9}$

(3) $\frac{1}{9}-\frac{4}{9}-\frac{7}{9}=$

(4) $-\frac{1}{9}+\frac{4}{9}+\frac{7}{9}=$

(5) $-\frac{1}{9}+\frac{4}{9}-\frac{7}{9}=$

(6) $-\frac{1}{9}-\frac{4}{9}+\frac{7}{9}=$

(7) $-\frac{1}{9}-\frac{4}{9}-\frac{7}{9}=$

(8) $\frac{5}{7}+\frac{4}{7}+\frac{3}{7}=$

(9) $\frac{5}{7}-\frac{4}{7}-\frac{3}{7}=$

(10) $-\frac{5}{7}+\frac{4}{7}-\frac{3}{7}=$

(11) $-\frac{5}{7}-\frac{4}{7}+\frac{3}{7}=$

(12) $\frac{7}{15}+\frac{2}{15}-\frac{11}{15}=$

(13) $\frac{7}{15}-\frac{2}{15}+\frac{11}{15}=$

(14) $-\frac{7}{15}+\frac{2}{15}+\frac{11}{15}=$

(15) $-\frac{7}{15}-\frac{2}{15}-\frac{11}{15}=$

● 표준완성시간 : 3~5분

평가	아주 잘함	잘함	보통	부족함
오답수	1	2~4	5~7	8~

이름 :	
날짜 :	월 일
시간 :	: ~ :

● 유리수의 덧셈과 뺄셈 2

♣ **보기**와 같이, 다음 계산을 하여라.

보기 $\frac{1}{4}+\frac{1}{2}+\frac{1}{3}=\frac{3}{12}+\frac{6}{12}+\frac{4}{12}=\frac{9}{12}+\frac{4}{12}=\frac{13}{12}=1\frac{1}{12}$

(1) $\frac{1}{4}+\frac{1}{2}-\frac{1}{3}=\frac{\boxed{3}}{12}+\frac{\boxed{6}}{12}-\frac{\boxed{4}}{12}=\frac{\boxed{9}}{12}-\frac{\boxed{4}}{12}=\frac{\boxed{5}}{12}$

(2) $\frac{1}{4}-\frac{1}{2}+\frac{1}{3}=\frac{\square}{12}-\frac{\square}{12}+\frac{\square}{12}=-\frac{\square}{12}+\frac{\square}{12}=\frac{\square}{12}$

(3) $\frac{1}{4}-\frac{1}{2}-\frac{1}{3}=$

(4) $-\frac{1}{4}+\frac{1}{2}+\frac{1}{3}=$

(5) $-\frac{1}{4}+\frac{1}{2}-\frac{1}{3}=$

(6) $-\frac{1}{4}-\frac{1}{2}+\frac{1}{3}=$

(7) $-\frac{1}{4}-\frac{1}{2}-\frac{1}{3}=$

(8) $\frac{1}{3}+\frac{1}{5}+\frac{1}{10}=$

(9) $\frac{1}{3}-\frac{1}{5}+\frac{1}{10}=$

(10) $-\frac{1}{3}+\frac{1}{5}-\frac{1}{10}=$

(11) $-\frac{1}{3}-\frac{1}{5}-\frac{1}{10}=$

(12) $\frac{2}{9}+\frac{1}{6}-\frac{1}{3}=$

(13) $\frac{2}{9}-\frac{1}{6}-\frac{1}{3}=$

(14) $-\frac{2}{9}+\frac{1}{6}+\frac{1}{3}=$

(15) $-\frac{2}{9}-\frac{1}{6}+\frac{1}{3}=$

● 표준완성시간 : 3~5분

평가	아주 잘함	잘함	보통	부족함
오답수	1~2	3~5	6~8	9~

이름 :
날짜 : 월 일
시간 : : ~ :

● 유리수의 덧셈과 뺄셈 [2]

♣ 다음 계산을 하여라.

(1) $2-9-4=$

(2) $-7+4+5=$

(3) $-6-5-8=$

(4) $3-4+1=$

(5) $-10-4+5=$

(6) $-3+6-2=$

(7) $2+3-7+5=$

(8) $-2+7-3-6=$

(9) $7-9+2-5=$

(10) $-3-2+9-2=$

(11) $\frac{2}{9}-\frac{5}{9}-\frac{8}{9}=$

(12) $-\frac{1}{8}-\frac{3}{8}+\frac{7}{8}=$

(13) $\frac{3}{10}+\frac{1}{10}-\frac{9}{10}=$

(14) $-\frac{13}{14}+\frac{9}{14}+\frac{5}{14}=$

(15) $\frac{5}{12}-\frac{7}{9}+\frac{1}{6}=$

(16) $-\frac{1}{2}+\frac{3}{8}+\frac{5}{6}=$

(17) $\frac{1}{3}-\frac{1}{4}-\frac{5}{12}=$

(18) $-\frac{4}{5}+\frac{1}{4}-\frac{2}{3}=$

● 표준완성시간 : 3~5분

평가	아주 잘함	잘함	보통	부족함
오답수	1~2	3~5	6~8	9~

이름 :			
날짜 :		월	일
시간 :	:	~	:

● 유리수의 덧셈과 뺄셈 2

♣ 다음 계산을 하여라.

(1) $7-13+10=$

(2) $-8+16-15=$

(3) $-13+5+19-9=$

(4) $5+8+2-18=$

(5) $-14+8-7+5=$

(6) $-13-8-7+9=$

(7) $1-2-3-4+15=$

(8) $-5+4+7-10-8=$

(9) $-2-9+5+4-15+6=$

(10) $12-7-9+20-3-8=$

(11) $\frac{2}{3}-\frac{5}{6}+\frac{4}{9}=$

(12) $-\frac{2}{21}+\frac{5}{21}-\frac{10}{21}=$

(13) $\frac{3}{4}+\frac{4}{5}-2=$

(14) $-\frac{3}{5}-\frac{7}{10}+1\frac{1}{2}=$

(15) $-3\frac{3}{5}+\frac{1}{3}+\frac{3}{4}=$

(16) $2-4\frac{3}{4}-3\frac{5}{8}=$

(17) $-1\frac{1}{8}-\frac{3}{8}+3\frac{7}{8}=$

(18) $2\frac{1}{6}+1\frac{5}{12}-8\frac{5}{18}=$

교재 등급
K단계 교재 46~60

개인별·능력별 학습 프로그램

기탄수학

학습 일정 관리표

공부한 날	교재 번호	오답 수	소요 시간	공부한 날	교재 번호	오답 수	소요 시간
.	46			.	55		
.	47			.	56		
.	48			.	57		
.	49			.	58		
.	50			.	59		
.	51			.	60		
.	52			평 균			
.	53			종합 평가	Ⓐ 아주 잘함 Ⓑ 잘함 Ⓒ 보통 Ⓓ 부족함		
.	54						

이번주는?				
· 학습 방법	① 매일매일	② 가끔	③ 한꺼번에	– 하였습니다.
· 학습 태도	① 스스로 잘	② 시켜서 억지로		– 하였습니다.
· 학습 흥미	① 재미있게	② 싫증내며		– 하였습니다.
· 교재 내용	① 적합하다고	② 어렵다고	③ 쉽다고	– 하였습니다.

지도 교사가 부모님께	부모님이 지도 교사께

원(교) 반 이름 전화 –

기초 탄탄한 교육·기초 탄탄한 학습
기탄교육
www.gitan.co.kr / (02)586-1007(대)

◀ K교재 학습 목표 ▶

유리수의 덧셈, 뺄셈, 곱셈, 나눗셈을 연습해서 유리수의 계산력을 키워요.

■ K교재 (46~60) 학습 내용

교재 번호	내 용	표준완성시간
46	유리수의 덧셈과 뺄셈 3	3~5분
47	〃	
48	〃	
49	〃	
50	〃	
51	〃	
52	〃	
53	〃	
54	〃	
55	〃	
56	〃	
57	〃	
58	〃	
59	〃	
60	〃	

● **학습 목표**

그동안 배운 괄호가 없는 정수와 유리수의 덧셈과 뺄셈을 바탕으로, 괄호가 있는 정수와 유리수의 덧셈과 뺄셈의 계산 원리를 이해하고 능숙하게 계산할 수 있도록 학습합니다.

● **지도 포인트**

괄호가 있는 덧셈과 뺄셈을 괄호를 풀어서 계산할 때에는 부호의 변화에 주의해야 함을 일깨워 주십시오. 즉,

$+(+\square)=+\square$, $+(-\square)=-\square$

$-(+\square)=-\square$, $-(-\square)=+\square$

임을 알려 주십시오.

지도 요점

❖ **괄호가 있는 유리수의 덧셈과 뺄셈**

• $4+(-7)=4-7=-(7-4)=-3$
  $4-(-7)=4+7=11$

• $-8+(-9)=-8-9=-(8+9)=-17$
  $-8-(-9)=-8+9=+(9-8)=1$

• $\frac{2}{5}+\left(-\frac{3}{5}\right)=\frac{2}{5}-\frac{3}{5}=-\left(\frac{3}{5}-\frac{2}{5}\right)=-\frac{1}{5}$
  $\frac{2}{5}-\left(-\frac{3}{5}\right)=\frac{2}{5}+\frac{3}{5}=\frac{5}{5}=1$

• $\frac{2}{3}+\left(-\frac{3}{4}\right)=\frac{2}{3}-\frac{3}{4}=\frac{8}{12}-\frac{9}{12}=-\left(\frac{9}{12}-\frac{8}{12}\right)=-\frac{1}{12}$
  $\frac{2}{3}-\left(-\frac{3}{4}\right)=\frac{2}{3}+\frac{3}{4}=\frac{8}{12}+\frac{9}{12}=\frac{17}{12}=1\frac{5}{12}$

괄호를 풀어서 계산할 때에는 부호의 변화에 주의한다.

❖ **괄호가 있는 유리수의 덧셈과 뺄셈의 혼합 계산**

• $-9-(-3)+(-5)=-9+3-5=-6-5=-11$

• $-\left(-\frac{3}{7}\right)-\frac{5}{7}-\left(-\frac{6}{7}\right)=\frac{3}{7}-\frac{5}{7}+\frac{6}{7}=-\frac{2}{7}+\frac{6}{7}=\frac{4}{7}$

괄호가 있는 유리수의 덧셈과 뺄셈의 혼합 계산은 괄호를 푼 다음에 앞에서부터 차례대로 계산한다.

● 유리수의 덧셈과 뺄셈 3

♣ **보기**와 같이, 괄호를 풀어서 계산을 하여라.

보기
- $5+(-9)=5-9=-4$
- $5-(-9)=5+9=14$

(1) $7+(-4)=7 ⊖ 4=$

(2) $7-(-4)=7 ⊕ 4=$

(3) $4+(-7)=4 ⊖ 7=$

(4) $4-(-7)=4 ⊕ 7=$

(5) $8+(-6)=$

(6) $8-(-6)=$

(7) $6+(-8)=$

(8) $6-(-8)=$

보기
- $-7+(-9)=-7-9=-16$
- $-7-(-9)=-7+9=2$

(9) $-8+(-5)=-8 \bigcirc\!\!\!\!- \; 5=$

(10) $-8-(-5)=-8 \bigcirc\!\!\!\!+ \; 5=$

(11) $-5+(-8)=-5 \bigcirc 8=$

(12) $-5-(-8)=-5 \bigcirc 8=$

(13) $-7+(-3)=$

(14) $-7-(-3)=$

(15) $-3+(-7)=$

(16) $-3-(-7)=$

(17) $-12+(-4)=$

(18) $-12-(-4)=$

(19) $-4+(-12)=$

(20) $-4-(-12)=$

● 유리수의 덧셈과 뺄셈 3

♣ **보기**와 같이, 괄호를 풀어서 계산을 하여라.

보기

- $\frac{2}{7}+\left(-\frac{4}{7}\right)=\frac{2}{7}-\frac{4}{7}=-\frac{2}{7}$
- $\frac{2}{7}-\left(-\frac{4}{7}\right)=\frac{2}{7}+\frac{4}{7}=\frac{6}{7}$

(1) $\frac{2}{5}+\left(-\frac{1}{5}\right)=\frac{2}{5}\bigcirc\frac{1}{5}=$

(2) $\frac{2}{5}-\left(-\frac{1}{5}\right)=\frac{2}{5}\bigcirc\frac{1}{5}=$

(3) $\frac{1}{5}+\left(-\frac{2}{5}\right)=$

(4) $\frac{1}{5}-\left(-\frac{2}{5}\right)=$

(5) $\frac{5}{9}+\left(-\frac{2}{9}\right)=$

(6) $\frac{5}{9}-\left(-\frac{2}{9}\right)=$

(7) $\frac{2}{9}+\left(-\frac{5}{9}\right)=$

(8) $\frac{2}{9}-\left(-\frac{5}{9}\right)=$

보기

- $-\frac{3}{8}+\left(-\frac{5}{8}\right)=-\frac{3}{8}-\frac{5}{8}=-\frac{8}{8}=-1$
- $-\frac{3}{8}-\left(-\frac{5}{8}\right)=-\frac{3}{8}+\frac{5}{8}=\frac{2}{8}=\frac{1}{4}$

(9) $-\frac{3}{7}+\left(-\frac{2}{7}\right)=$

(10) $-\frac{3}{7}-\left(-\frac{2}{7}\right)=$

(11) $-\frac{2}{7}+\left(-\frac{3}{7}\right)=$

(12) $-\frac{2}{7}-\left(-\frac{3}{7}\right)=$

(13) $-\frac{4}{5}+\left(-\frac{3}{5}\right)=$

(14) $-\frac{4}{5}-\left(-\frac{3}{5}\right)=$

(15) $-\frac{3}{5}+\left(-\frac{4}{5}\right)=$

(16) $-\frac{3}{5}-\left(-\frac{4}{5}\right)=$

● 표준완성시간 : 3~5분

평가	아주 잘함	잘함	보통	부족함
오답수	1~2	3~5	6~9	10~

이름 :	
날짜 :	월 일
시간 :	: ~ :

● 유리수의 덧셈과 뺄셈 3

♣ 괄호를 풀어서, 다음 계산을 하여라.

(1) $5+(-6)=$

(2) $5-(-6)=$

(3) $-5+(-6)=$

(4) $-5-(-6)=$

(5) $9+(-4)=$

(6) $9-(-4)=$

(7) $-9+(-4)=$

(8) $-9-(-4)=$

(9) $7+(-14)=$

(10) $7-(-14)=$

(11) $-7+(-14)=$

(12) $-7-(-14)=$

(13) $\frac{3}{11}+\left(-\frac{6}{11}\right)=$

(14) $\frac{3}{11}-\left(-\frac{6}{11}\right)=$

(15) $-\frac{3}{11}+\left(-\frac{6}{11}\right)=$

(16) $-\frac{3}{11}-\left(-\frac{6}{11}\right)=$

(17) $\frac{9}{10}+\left(-\frac{7}{10}\right)=$

(18) $\frac{9}{10}-\left(-\frac{7}{10}\right)=$

(19) $-\frac{9}{10}+\left(-\frac{7}{10}\right)=$

(20) $-\frac{9}{10}-\left(-\frac{7}{10}\right)=$

● 표준완성시간 : 3~5분

평가	아주 잘함	잘함	보통	부족함
오답수	1~2	3~5	6~8	9~

이름 :
날짜 : 월 일
시간 : : ~ :

● 유리수의 덧셈과 뺄셈 3

♣ 괄호를 풀어서, 다음 계산을 하여라.

(1) $-1+(-3)=$

(2) $10+(-5)=$

(3) $-8-(-3)=$

(4) $3-(-6)=$

(5) $-11+(-9)=$

(6) $4+(-5)=$

(7) $9-(-8)=$

(8) $5+(-7)=$

(9) $-12+(-6)=$

(10) $-4-(-4)=$

(11) $\frac{5}{7}+\left(-\frac{2}{7}\right)=$

(12) $-\frac{3}{5}-\left(-\frac{3}{5}\right)=$

(13) $\frac{4}{9}-\left(-\frac{7}{9}\right)=$

(14) $-\frac{3}{10}+\left(-\frac{3}{10}\right)=$

(15) $-\frac{1}{6}+\left(-\frac{5}{6}\right)=$

(16) $\frac{2}{11}+\left(-\frac{5}{11}\right)=$

(17) $\frac{3}{4}-\left(-\frac{3}{4}\right)=$

(18) $-\frac{7}{8}-\left(-\frac{1}{8}\right)=$

● 표준완성시간 : 3~5분

평가	아주 잘함	잘함	보통	부족함
오답수	1~2	3~5	6~8	9~

이름 :
날짜 : 월 일
시간 : : ~ :

● 유리수의 덧셈과 뺄셈 3

♣ 괄호를 풀어서, 다음 계산을 하여라.

(1) $4-(-8)=$

(2) $-6-(-19)=$

(3) $-4+(-16)=$

(4) $15+(-5)=$

(5) $4-(-11)=$

(6) $-28+(-15)=$

(7) $6+(-13)=$

(8) $-18-(-9)=$

(9) $9-(-3)=$

(10) $-19-(-32)=$

(11) $\frac{8}{9}-\left(-\frac{5}{9}\right)=$

(12) $1\frac{1}{8}+\left(-3\frac{3}{8}\right)=$

(13) $-\frac{4}{5}-(-3)=$

(14) $-2\frac{9}{13}+\left(-\frac{7}{13}\right)=$

(15) $2-\left(-4\frac{2}{3}\right)=$

(16) $-\frac{9}{11}-\left(-\frac{4}{11}\right)=$

(17) $\frac{5}{12}+\left(-2\frac{1}{12}\right)=$

(18) $-2\frac{3}{10}+\left(-3\frac{9}{10}\right)=$

● 표준완성시간 : 3~5분

평가	아주 잘함	잘함	보통	부족함
오답수	1~2	3~5	6~9	10~

이름 :
날짜 : 월 일
시간 : : ~ :

● 유리수의 덧셈과 뺄셈 3

♣ 괄호를 풀어서, 다음 계산을 하여라.

(1) $0.6+(-0.2)=$

(2) $0.6-(-0.2)=$

(3) $0.2+(-0.6)=$

(4) $0.2-(-0.6)=$

(5) $-0.8+(-0.3)=$

(6) $-0.8-(-0.3)=$

(7) $-0.3+(-0.8)=$

(8) $-0.3-(-0.8)=$

(9) $1.2+(-1.8)=$

(10) $1.2-(-1.8)=$

(11) $-1.2+(-1.8)=$

(12) $-1.2-(-1.8)=$

(13) $2.3+(-3.6)=$

(14) $-1.8-(-2.9)=$

(15) $2.7-(-1.5)=$

(16) $-2.4+(-4.6)=$

(17) $3.6-(-5.1)=$

(18) $6.4+(-1.7)=$

(19) $-1.4-(-1.2)=$

(20) $-5.3+(-4.8)=$

● 표준완성시간 : 3~5분

평가	아주 잘함	잘함	보통	부족함
오답수	1	2~4	5~7	8~

이름 :
날짜 : 월 일
시간 : : ~ :

● 유리수의 덧셈과 뺄셈 3

♣ **보기**와 같이, 괄호를 풀어서 계산을 하여라.

보기

- $\frac{1}{3}+\left(-\frac{1}{2}\right)=\frac{1}{3}-\frac{1}{2}=\frac{2}{6}-\frac{3}{6}=-\frac{1}{6}$
- $\frac{1}{3}-\left(-\frac{1}{2}\right)=\frac{1}{3}+\frac{1}{2}=\frac{2}{6}+\frac{3}{6}=\frac{5}{6}$

(1) $\frac{2}{3}+\left(-\frac{1}{4}\right)=$

(2) $\frac{2}{3}-\left(-\frac{1}{4}\right)=$

(3) $\frac{1}{4}+\left(-\frac{2}{3}\right)=$

(4) $\frac{1}{4}-\left(-\frac{2}{3}\right)=$

(5) $-\frac{5}{8}+\left(-\frac{3}{4}\right)=$

(6) $-\frac{5}{8}-\left(-\frac{3}{4}\right)=$

(7) $-\frac{3}{4}+\left(-\frac{5}{8}\right)=$

(8) $-\frac{3}{4}-\left(-\frac{5}{8}\right)=$

(9) $\frac{5}{6}+\left(-\frac{1}{3}\right)=$

(10) $\frac{5}{6}-\left(-\frac{1}{3}\right)=$

(11) $-\frac{5}{6}+\left(-\frac{1}{3}\right)=$

(12) $-\frac{5}{6}-\left(-\frac{1}{3}\right)=$

(13) $\frac{2}{15}+\left(-\frac{7}{10}\right)=$

(14) $\frac{2}{15}-\left(-\frac{7}{10}\right)=$

(15) $-\frac{2}{15}+\left(-\frac{7}{10}\right)=$

(16) $-\frac{2}{15}-\left(-\frac{7}{10}\right)=$

● 표준완성시간 : 3~5분

평가	아주 잘함	잘함	보통	부족함
오답수	1	2~4	5~7	8~

이름 :
날짜 : 월 일
시간 : : ~ :

● 유리수의 덧셈과 뺄셈 3

♣ 괄호를 풀어서, 다음 계산을 하여라.

(1) $\frac{1}{2}+\left(-\frac{2}{5}\right)=$

(2) $\frac{1}{3}-\left(-\frac{5}{6}\right)=$

(3) $-\frac{3}{10}+\left(-\frac{1}{5}\right)=$

(4) $-\frac{5}{6}-\left(-\frac{1}{4}\right)=$

(5) $\frac{1}{2}+\left(-\frac{3}{4}\right)=$

(6) $\frac{11}{12}-\left(-\frac{1}{3}\right)=$

(7) $-\frac{2}{3}+\left(-\frac{3}{5}\right)=$

(8) $-\frac{2}{15}-\left(-\frac{3}{10}\right)=$

(9) $\frac{1}{4}-\left(-\frac{7}{8}\right)=$

(10) $\frac{2}{5}+\left(-2\frac{5}{6}\right)=$

(11) $-3\frac{1}{4}-\left(-\frac{3}{5}\right)=$

(12) $-1\frac{7}{9}+\left(-\frac{1}{3}\right)=$

(13) $3\frac{7}{8}+\left(-\frac{5}{6}\right)=$

(14) $-\frac{5}{6}+\left(-\frac{2}{3}\right)=$

(15) $\frac{3}{5}-\left(-\frac{1}{15}\right)=$

(16) $-\frac{7}{10}-\left(-1\frac{1}{6}\right)=$

● 유리수의 덧셈과 뺄셈 3

♣ **보기**와 같이, 괄호를 풀어서 계산을 하여라.

보기

- $-2+(-5)=-2-5=-7$
- $-2-(-5)=-2+5=3$
- $-(-2)+(-5)=2-5=-3$
- $-(-2)-(-5)=2+5=7$

(1) $-9+(-6)=$

(2) $-9-(-6)=$

(3) $-(-9)+(-6)=$

(4) $-(-9)-(-6)=$

(5) $-7+(-6)=$

(6) $-(-6)-(-4)=$

(7) $-8-(-13)=$

(8) $-(-9)+(-17)=$

(9) $-\frac{5}{8}+\left(-\frac{7}{8}\right)=$

(10) $-\frac{5}{8}-\left(-\frac{7}{8}\right)=$

(11) $-\left(-\frac{5}{8}\right)+\left(-\frac{7}{8}\right)=$

(12) $-\left(-\frac{5}{8}\right)-\left(-\frac{7}{8}\right)=$

(13) $-\frac{6}{7}+\left(-\frac{4}{7}\right)=$

(14) $-\left(-\frac{4}{9}\right)+\left(-\frac{8}{9}\right)=$

(15) $-\frac{3}{10}-\left(-\frac{7}{10}\right)=$

(16) $-\left(-\frac{5}{6}\right)-\left(-\frac{5}{6}\right)=$

● 표준완성시간 : 3~5분

평가	아주 잘함	잘함	보통	부족함
오답수	1~2	3~5	6~8	9~

이름 :
날짜 : 월 일
시간 : : ~ :

● 유리수의 덧셈과 뺄셈 3

♣ 괄호를 풀어서, 다음 계산을 하여라.

(1) $-0.3+(-0.5)=$

(2) $-0.3-(-0.5)=$

(3) $-(-0.3)+(-0.5)=$

(4) $-(-0.3)-(-0.5)=$

(5) $-0.7+(-0.6)=$

(6) $-(-0.9)-(-0.2)=$

(7) $-0.8-(-1.6)=$

(8) $-(-0.6)+(-1.4)=$

(9) $0-(-0.2)=$

(10) $-(-1.9)-0=$

(11) $-\frac{3}{8}+\left(-\frac{2}{5}\right)=$

(12) $-\frac{3}{8}-\left(-\frac{2}{5}\right)=$

(13) $-\left(-\frac{3}{8}\right)+\left(-\frac{2}{5}\right)=$

(14) $-\left(-\frac{3}{8}\right)-\left(-\frac{2}{5}\right)=$

(15) $-\frac{2}{3}+\left(-\frac{2}{7}\right)=$

(16) $-\left(-\frac{1}{2}\right)-\left(-\frac{1}{6}\right)=$

(17) $-\frac{1}{12}-\left(-\frac{3}{4}\right)=$

(18) $-\left(-\frac{5}{8}\right)+\left(-\frac{5}{6}\right)=$

● 표준완성시간 : 3~5분

평가	아주 잘함	잘함	보통	부족함
오답수	1~2	3~5	6~8	9~

이름 :
날짜 : 월 일
시간 : : ~ :

● 유리수의 덧셈과 뺄셈 3

♣ 괄호를 풀어서, 다음 계산을 하여라.

(1) $-(-8)-(-7)=$

(2) $-6+(-14)=$

(3) $-(-41)+(-13)=$

(4) $-234-(-123)=$

(5) $-(-0.2)+(-0.3)=$

(6) $-1.7+(-0.8)=$

(7) $-3.4-(-2.6)=$

(8) $-(-1.52)-(-0.28)=$

(9) $-4.8+(-16)=$

(10) $-(-5)+(-0.45)=$

(11) $-\frac{2}{9}-\left(-\frac{8}{9}\right)=$

(12) $-\left(-\frac{4}{7}\right)-\left(-1\frac{3}{7}\right)=$

(13) $-2\frac{11}{12}+\left(-\frac{7}{12}\right)=$

(14) $-\left(-1\frac{9}{14}\right)+\left(-4\frac{5}{14}\right)=$

(15) $-\frac{7}{12}+\left(-\frac{2}{3}\right)=$

(16) $-\left(-2\frac{9}{10}\right)-\left(-4\frac{1}{6}\right)=$

(17) $-\frac{2}{3}-(-2.8)=$

(18) $-(-0.75)+\left(-3\frac{1}{6}\right)=$

● 표준완성시간 : 3~5분

평가	아주 잘함	잘함	보통	부족함
오답수	1~2	3~5	6~8	9~

이름 :
날짜 : 월 일
시간 : : ~ :

● 유리수의 덧셈과 뺄셈 3

♣ **보기**와 같이, 괄호를 풀어서 계산을 하여라.

보기 $-7-(-4)+(-5)=-7+4-5=-3-5=-8$

(1) $-4-3-(-8)=$

(2) $6+(-4)-3=$

(3) $-(-5)-9+2=$

(4) $-(-4)+(-5)+7=$

(5) $8-(-1)-(-6)=$

(6) $-(-1)-5-(-3)=$

(7) $(-5)+(-6)+(-4)=$

(8) $-(-2)-(-7)+(-3)=$

(9) $5+(-18)-6=$

(10) $-4-(-2)-(-15)=$

(11) $-(-15)+(-13)+(-19)=$

(12) $5+(-8)+9+(-13)=$

(13) $-7+(-4)-(-16)-3=$

(14) $-(-11)+(-7)-20-(-8)=$

(15) $4+(-9)-(-8)+7-15=$

(16) $-5-(-7)-10+(-3)-(-20)=$

(17) $-(-6)-9-(-8)+(-11)+(-4)=$

● 표준완성시간 : 3~5분

평가	아주 잘함	잘함	보통	부족함
오답수	1	2	3~4	5~

이름 :
날짜 : 월 일
시간 : : ~ :

● 유리수의 덧셈과 뺄셈 3

♣ **보기**와 같이, 괄호를 풀어서 계산을 하여라.

보기 $-\left(-\frac{3}{8}\right)-\frac{5}{8}-\left(-\frac{7}{8}\right)=\frac{3}{8}-\frac{5}{8}+\frac{7}{8}=-\frac{2}{8}+\frac{7}{8}=\frac{5}{8}$

(1) $-\frac{1}{10}-\left(-\frac{7}{10}\right)-\frac{9}{10}=$

(2) $-\left(-\frac{4}{9}\right)-\left(-\frac{2}{9}\right)-\frac{8}{9}=$

(3) $-\left(-\frac{11}{14}\right)-\frac{13}{14}+\left(-\frac{3}{14}\right)=$

(4) $\frac{13}{15}-\left(-\frac{8}{15}\right)-\left(-\frac{4}{15}\right)=$

(5) $\left(-\frac{7}{12}\right)+\left(-\frac{11}{12}\right)-\left(-\frac{5}{12}\right)=$

보기

$$-\frac{1}{2}-\left(-\frac{1}{4}\right)-\left(-\frac{7}{8}\right)=-\frac{1}{2}+\frac{1}{4}+\frac{7}{8}=-\frac{4}{8}+\frac{2}{8}+\frac{7}{8}$$
$$=-\frac{2}{8}+\frac{7}{8}=\frac{5}{8}$$

(6) $-\left(-\frac{1}{5}\right)+\frac{2}{9}-\frac{1}{2}=$

(7) $\frac{1}{3}+\left(-\frac{5}{12}\right)-\left(-\frac{3}{4}\right)=$

(8) $\left(-\frac{1}{3}\right)+\left(-\frac{1}{2}\right)-\frac{4}{9}=$

(9) $-\left(-\frac{5}{12}\right)-\frac{1}{6}+\left(-\frac{7}{8}\right)=$

(10) $\left(-\frac{1}{9}\right)-\left(-\frac{11}{15}\right)+\left(-\frac{1}{3}\right)=$

● 표준완성시간 : 3~5분

평가	아주 잘함	잘함	보통	부족함
오답수	1	2~3	4~6	7~

이름 :
날짜 : 월 일
시간 : : ~ :

● 유리수의 덧셈과 뺄셈 3

♣ 괄호를 풀어서, 다음 계산을 하여라.

(1) $-8-(-20)+(-30)=$

(2) $-(-12)+(-19)-(-23)=$

(3) $15+(-8)+6+(-40)=$

(4) $-(-6)-(-7)+(-45)+19=$

(5) $-9+(-9)-(-30)+(-25)+20=$

(6) $13-(-7)+(-29)+18+(-16)=$

(7) $-6-(-0.5)-(-17)-8=$

(8) $-(-10)+(-4.5)+(-6)-(-0.5)-12=$

(9) $-\frac{1}{4}-\left(-\frac{5}{6}\right)-\frac{2}{3}=$

(10) $\frac{1}{10}+\frac{3}{10}+\left(-\frac{9}{10}\right)=$

(11) $-2+\left(-\frac{3}{4}\right)-\left(-5\frac{1}{7}\right)=$

(12) $-\left(-3\frac{1}{8}\right)-1\frac{1}{3}+\left(-\frac{3}{4}\right)=$

(13) $1\frac{1}{6}+(-5)-\left(-3\frac{7}{12}\right)=$

(14) $-\left(-5\frac{1}{3}\right)+\left(-1\frac{4}{5}\right)-\left(-2\frac{1}{6}\right)=$

● 유리수의 덧셈과 뺄셈 [3]

♣ **보기**와 같이, 괄호를 풀어서 계산을 하여라.

보기

$$\begin{aligned} -0.5-(-5)+(-3.5)+4 &= -0.5+5-3.5+4 \\ &= -0.5-3.5+5+4 \\ &= -4+9 \\ &= 5 \end{aligned}$$

(1) $6+(-2.5)+7+(-15.5)=$

(2) $-(-0.3)+(-3)-2-(-2.7)=$

(3) $-5-(-7.04)-(-2.6)+(-3)=$

(4) $4.21+(-2)-(-6.79)+(-6)-3=$

(5) $-4-(-4.5)+(-8)-5-(-5.34)=$

(6) $-(-9)+(-8)+10+(-6)-(-4)=$

보기

$$-\left(-\frac{1}{3}\right)-\frac{1}{2}-\left(-1\frac{1}{15}\right)=\frac{1}{3}-\frac{1}{2}+1\frac{1}{15}=\frac{10}{30}-\frac{15}{30}+1\frac{2}{30}$$
$$=\frac{10}{30}+1\frac{2}{30}-\frac{15}{30}=1\frac{12}{30}-\frac{15}{30}$$
$$=\frac{42}{30}-\frac{15}{30}=\frac{27}{30}=\frac{9}{10}$$

(7) $2\frac{5}{6}+\left(-\frac{5}{12}\right)+\frac{1}{4}=$

(8) $-\frac{3}{4}+2\frac{2}{5}+\left(-6\frac{7}{10}\right)=$

(9) $-\left(-5\frac{1}{8}\right)+\left(-\frac{3}{10}\right)+3\frac{1}{4}=$

(10) $-4\frac{1}{2}-\left(-1\frac{1}{3}\right)+\left(-2\frac{1}{6}\right)=$

이 교재를 모두 다 끝낸 후 실시해 주세요.

성취도 테스트

50문항 / 표준완성시간 25분

● 성취도 테스트 실시 목적

① 지금까지 학습해 온 K단계 교재 ①집을 어느 정도 정확하고 빠르게 습득했는지 성취도를 테스트하기 위하여 실시합니다.
② 이 교재의 어느 부분이 부족한지 오답의 성질을 분석, 약점을 보완하고 지도 점검의 자료로 활용합니다.
③ 다음 교재 학습을 위하여 즐겁고 자신있게 풀 수 있도록 동기를 부여하고 자극을 주는 데 평가의 목적이 있습니다.

● 실시 방법

① 먼저 이름, 실시 연월일, 시작 시각과 끝낸 시각을 쓰고 시간을 정확히 재면서 문제를 풀게 합니다.
② 가능하면 표준완성시간 내에 풀게 해 주십시오.
만약, 시간 내에 풀지 못하면 푼 데까지 표시해 놓고, 그대로 다 풀 때까지 계속해 주십시오.
이 때 문제를 다 푼 시간을 앞면의 소요 시간 란에 써 주십시오.
③ 시간이 남더라도 검토는 마십시오.
④ 채점은 어머니께서 직접 해 주시고 정답 수를 기록해 주십시오.

원(교)　　　반　이름

■실시 연월일 :　　　년　　월　　일 ■소요 시간 :　　　시　　분 ~　　시　　분(　　/25분)

※ 어머니께서 감독해 주십시오.

♣ 다음 계산을 하여라.

(1) $6-15=$

(2) $-18+24=$

(3) $-50+25=$

(4) $-200-100=$

(5) $0.3-3=$

(6) $-1.3+2.6=$

(7) $-4.5-0.53=$

(8) $-\frac{5}{9}-\frac{7}{9}=$

(9) $-3+6\frac{2}{3}=$

(10) $2\frac{4}{5}-3\frac{1}{5}=$

(11) $-\frac{7}{8}+\frac{1}{6}=$

(12) $-4\frac{2}{3}-\frac{4}{5}=$

(13) $-1\frac{4}{15}+4\frac{3}{5}=$

(14) $4-5+10=$

(15) $-9+15-7=$

(16) $8+3-20+3=$

(17) $-7-14+8+13=$

(18) $15-20+5-10+8=$

(19) $-20+30+10-30+15-40=$

(20) $\frac{1}{8}+\frac{3}{8}-\frac{5}{8}=$

(21) $-4\frac{1}{3}+1\frac{2}{3}-\frac{1}{3}=$

(22) $\frac{5}{9}-2\frac{7}{9}+6\frac{8}{9}=$

(23) $-\frac{2}{3}-\frac{5}{6}+\frac{4}{9}=$

(24) $4-1\frac{1}{4}-6\frac{3}{8}=$

(25) $-1\frac{1}{6}-1\frac{3}{8}-1\frac{1}{3}=$

(26) $4+(-13)=$

(27) $-19-(-30)=$

(28) $-25+(-48)=$

(29) $-(-239)+(-256)=$

(30) $0.3-(-5)=$

(31) $-(-4.5)-(-2.5)=$

(32) $-3.54-(-0.24)=$

(33) $-5-\left(-8\frac{1}{3}\right)=$

(34) $-\left(-\frac{2}{9}\right)+\left(-\frac{5}{9}\right)=$

(35) $8\frac{1}{6}-\left(-2\frac{1}{6}\right)=$

(36) $-\left(-\frac{1}{2}\right)-\left(-\frac{1}{3}\right)=$

(37) $2\frac{4}{9}+\left(-6\frac{5}{6}\right)=$

(38) $-3\frac{5}{6}+\left(-2\frac{2}{3}\right)=$

(39) $-7+(-3)-(-5)=$

$(-7)+(-3)+5$

$-10+5=-5$

(40) $-(-12)-(-22)+(-40)=$

$12+22+(-40)$

$34+(-40)=-6.$

(41) $-10-(-11)+(-12)-(-13)=$

(42) $5+(-16)+(-4)+20=$

(43) $-(-4)-(-3)-10-(-7)+(-5)=$

(44) $1+(-2)-(-3)+(-4)-(-5)+(-6)=$

(45) $-6\frac{4}{5}-\left(-3\frac{1}{5}\right)+2\frac{1}{5}=$

(46) $\frac{3}{10}+\left(-\frac{7}{10}\right)-\left(-\frac{9}{10}\right)=$

(47) $-\left(-\frac{7}{8}\right)-2\frac{3}{8}-\left(-\frac{5}{8}\right)=$

(48) $1\frac{3}{8}+\left(-5\frac{1}{2}\right)-(-3)=$

(49) $-\left(-\frac{1}{6}\right)-1\frac{1}{3}-\left(-2\frac{1}{2}\right)=$

(50) $-2\frac{1}{2}+\frac{3}{5}+\left(-\frac{7}{10}\right)=$

K단계 교재① (1~60) 성취도 테스트 결과표

■ 이름 :

■ 소요 시간 : / 25분(표준완성시간)

■ 정답 수 : / 50문항

구 분	성취도 테스트 결과			
정 답 수	50~45	44~35	34~25	24~
소요 시간	22분 이내	25분 이내	30분 이내	35분 이상
성 취 도	A	B	C	D

※ **점수별 등급에 V표 하세요.**

●점수별 등급

☐ **A등급 - 아주 잘함**

현재 아주 잘하고 있으니 칭찬을 많이 해 주세요.
현재 학습한 교재에 대한 성취도가 매우 높습니다.
K2집 교재를 바로 시작하세요.

☐ **B등급 - 잘함**

현재 잘하고 있으니 더욱 잘할 수 있도록 격려해 주세요.
현재 학습한 교재에 대한 성취도가 충분합니다.
K2집 교재를 바로 시작하세요.

☐ **C등급 - 보통**

현재 잘하고 있으나 성취도가 충분치 못하니 더욱 잘할 수 있도록 격려해 주세요.
현재 학습한 교재에 대한 성취도가 보통입니다.
틀린 부분을 다시 한번 더 공부한 후, K2집 교재를 시작하세요.

☐ **D등급 - 부족**

현재 학습한 교재에 대한 성취도가 아주 부족한 편입니다.
분발할 수 있도록 용기를 주시고 교재 선택, 학습 태도, 방법 등을 재점검해 주세요.
K1집 교재를 복습한 후, K2집 교재를 시작하세요.

K-1

① 2	② 1	③ 0	④ 1	⑤ 2
⑥ 3	⑦ 4	⑧ 2	⑨ 1	⑩ 0
⑪ 1	⑫ 2	⑬ 3	⑭ 4	⑮ 5
⑯ 4	⑰ 3	⑱ 2	⑲ 1	⑳ 0
㉑ −1	㉒ −2	㉓ −3	㉔ −4	㉕ 4
㉖ 3	㉗ 2	㉘ 1	㉙ 0	㉚ −1
㉛ −2	㉜ −3	㉝ −4	㉞ −5	

〈풀이〉

※ 식의 처음 수가 양수이거나 답이 양수일 때에는 양의 부호 +를 생략할 수 있다.
$+a$는 '플러스 a', $-a$는 '마이너스 a'라고 읽는다. 또, 0은 양수도 아니고 음수도 아니다. 즉, 모든 수는 양수, 음수, 0으로 분류할 수 있다.

① 4−2=2
② 4−3=1
③ 4−4=0
④ 4−5=−1
⑤ 4−6=−2
⑥ 4−7=−3
⑦ 4−8=−4
⑧ 5−3=2
⑨ 5−4=1
⑩ 5−5=0
⑪ 5−6=−1
⑫ 5−7=−2
⑬ 5−8=−3
⑭ 5−9=−4
⑮ 6−1=5
⑯ 6−2=4
⑰ 6−3=3
⑱ 6−4=2
⑲ 6−5=1
⑳ 6−6=0
㉑ 6−7=−1
㉒ 6−8=−2
㉓ 6−9=−3
㉔ 6−10=−4
㉕ 7−3=4
㉖ 7−4=3
㉗ 7−5=2
㉘ 7−6=1
㉙ 7−7=0
㉚ 7−8=−1
㉛ 7−9=−2
㉜ 7−10=−3
㉝ 7−11=−4
㉞ 7−12=−5

K-2

① 3	② 2	③ 1	④ 0	⑤ −1
⑥ −2	⑦ −3	⑧ −4	⑨ −5	⑩ −6
⑪ 2	⑫ 1	⑬ 0	⑭ −1	⑮ −2
⑯ −3	⑰ −4	⑱ −5	⑲ −6	⑳ −7
㉑ 1	㉒ 0	㉓ −1	㉔ −2	㉕ −3
㉖ 1	㉗ 0	㉘ −1	㉙ −2	㉚ −4
㉛ 1	㉜ 0	㉝ −1	㉞ −2	㉟ −5
㊱ 1	㊲ 0	㊳ −1	㊴ −2	㊵ −6

〈풀이〉

① 8−5=3
② 8−6=2
③ 8−7=1
④ 8−8=0
⑤ 8−9=−1
⑥ 8−10=−2
⑦ 8−11=−3
⑧ 8−12=−4
⑨ 8−13=−5
⑩ 8−14=−6
⑪ 9−7=2
⑫ 9−8=1
⑬ 9−9=0
⑭ 9−10=−1
⑮ 9−11=−2
⑯ 9−12=−3
⑰ 9−13=−4
⑱ 9−14=−5
⑲ 9−15=−6
⑳ 9−16=−7
㉑ 10−9=1
㉒ 10−10=0
㉓ 10−11=−1
㉔ 10−12=−2
㉕ 10−13=−3
㉖ 11−10=1
㉗ 11−11=0
㉘ 11−12=−1
㉙ 11−13=−2
㉚ 11−15=−4
㉛ 12−11=1
㉜ 12−12=0
㉝ 12−13=−1
㉞ 12−14=−2
㉟ 12−17=−5
㊱ 13−12=1
㊲ 13−13=0
㊳ 13−14=−1

㊴ 13−15=−2
㊵ 13−19=−6

K-3

① 1	② 1	③ 2	④ −2	⑤ 2
⑥ −2	⑦ 3	⑧ −3	⑨ 3	⑩ −3
⑪ 3	⑫ −3	⑬ 1	⑭ −1	⑮ 4
⑯ −4	⑰ 2	⑱ −2	⑲ 5	⑳ −5
㉑ 1	㉒ −1	㉓ 2	㉔ −2	㉕ 3
㉖ −3	㉗ 4	㉘ −4	㉙ 5	㉚ −5
㉛ 1	㉜ −1	㉝ 2	㉞ −2	㉟ 3
㊱ −3	㊲ 4	㊳ −4	㊴ 5	㊵ −5

〈풀이〉

※ 여기 3a부터 15b까지는 암산으로 계산을 하여 답을 써야 한다. 다음의 풀이는 암산이 안 되는 학생들을 위하여 써 놓은 것이므로, 계산 과정을 참조하여 답만 쓰도록 한다.

① 4−3=1
② 3−4=−(4−3)=−1
③ 5−3=2
④ 3−5=−(5−3)=−2
⑤ 6−4=2
⑥ 4−6=−(6−4)=−2
⑦ 7−4=3
⑧ 4−7=−(7−4)=−3
⑨ 8−5=3
⑩ 5−8=−(8−5)=−3
⑪ 4−1=3
⑫ 1−4=−(4−1)=−3
⑬ 5−4=1
⑭ 4−5=−(5−4)=−1
⑮ 6−2=4
⑯ 2−6=−(6−2)=−4
⑰ 7−5=2
⑱ 5−7=−(7−5)=−2
⑲ 8−3=5
⑳ 3−8=−(8−3)=−5
㉑ 2−1=1
㉒ 1−2=−(2−1)=−1
㉓ 3−1=2
㉔ 1−3=−(3−1)=−2
㉕ 5−2=3
㉖ 2−5=−(5−2)=−3
㉗ 8−4=4
㉘ 4−8=−(8−4)=−4
㉙ 10−5=5
㉚ 5−10=−(10−5)=−5
㉛ 1−0=1
㉜ 0−1=−(1−0)=−1
㉝ 4−2=2
㉞ 2−4=−(4−2)=−2
㉟ 9−6=3
㊱ 6−9=−(9−6)=−3
㊲ 7−3=4
㊳ 3−7=−(7−3)=−4
㊴ 6−1=5
㊵ 1−6=−(6−1)=−5

K-4

① 1	② 1	③ $\frac{2}{7}$	④ $-\frac{2}{7}$	⑤ $\frac{4}{9}$
⑥ $-\frac{4}{9}$	⑦ $\frac{3}{11}$	⑧ $-\frac{3}{11}$	⑨ $\frac{3}{5}$	⑩ $-\frac{3}{5}$
⑪ $\frac{1}{7}$	⑫ $-\frac{1}{7}$	⑬ $\frac{5}{9}$	⑭ $-\frac{5}{9}$	⑮ $\frac{2}{11}$
⑯ $-\frac{2}{11}$	⑰ $\frac{2}{7}$	⑱ $-\frac{2}{7}$	⑲ $\frac{2}{9}$	⑳ $-\frac{2}{9}$
㉑ $\frac{5}{11}$	㉒ $-\frac{5}{11}$	㉓ $\frac{1}{5}$	㉔ $-\frac{1}{5}$	㉕ $\frac{7}{13}$
㉖ $-\frac{7}{13}$	㉗ $\frac{3}{4}$	㉘ $-\frac{3}{4}$	㉙ $\frac{4}{17}$	㉚ $-\frac{4}{17}$
㉛ $\frac{6}{19}$	㉜ $-\frac{6}{19}$			

〈풀이〉

① $\frac{3}{5}-\frac{2}{5}=\frac{1}{5}$

② $\frac{2}{5}-\frac{3}{5}=-\left(\frac{3}{5}-\frac{2}{5}\right)=-\frac{1}{5}$

③ $\frac{6}{7}-\frac{4}{7}=\frac{2}{7}$

④ $\frac{4}{7}-\frac{6}{7}=-\left(\frac{6}{7}-\frac{4}{7}\right)=-\frac{2}{7}$

⑤ $\frac{5}{9}-\frac{1}{9}=\frac{4}{9}$

⑥ $\frac{1}{9}-\frac{5}{9}=-\left(\frac{5}{9}-\frac{1}{9}\right)=-\frac{4}{9}$

⑦ $\frac{8}{11}-\frac{5}{11}=\frac{3}{11}$

⑧ $\frac{5}{11}-\frac{8}{11}=-\left(\frac{8}{11}-\frac{5}{11}\right)=-\frac{3}{11}$

⑨ $\frac{4}{5}-\frac{1}{5}=\frac{3}{5}$

⑩ $\frac{1}{5}-\frac{4}{5}=-\left(\frac{4}{5}-\frac{1}{5}\right)=-\frac{3}{5}$

⑪ $\frac{3}{7}-\frac{2}{7}=\frac{1}{7}$

⑫ $\frac{2}{7}-\frac{3}{7}=-\left(\frac{3}{7}-\frac{2}{7}\right)=-\frac{1}{7}$

⑬ $\frac{7}{9}-\frac{2}{9}=\frac{5}{9}$

⑭ $\frac{2}{9}-\frac{7}{9}=-\left(\frac{7}{9}-\frac{2}{9}\right)=-\frac{5}{9}$

⑮ $\frac{5}{11}-\frac{3}{11}=\frac{2}{11}$

⑯ $\frac{3}{11}-\frac{5}{11}=-\left(\frac{5}{11}-\frac{3}{11}\right)=-\frac{2}{11}$

⑰ $\frac{5}{7}-\frac{3}{7}=\frac{2}{7}$

⑱ $\frac{3}{7}-\frac{5}{7}=-\left(\frac{5}{7}-\frac{3}{7}\right)=-\frac{2}{7}$

⑲ $\frac{4}{9}-\frac{2}{9}=\frac{2}{9}$

⑳ $\frac{2}{9}-\frac{4}{9}=-\left(\frac{4}{9}-\frac{2}{9}\right)=-\frac{2}{9}$

㉑ $\frac{9}{11}-\frac{4}{11}=\frac{5}{11}$

㉒ $\frac{4}{11}-\frac{9}{11}=-\left(\frac{9}{11}-\frac{4}{11}\right)=-\frac{5}{11}$

㉓ $\frac{2}{5}-\frac{1}{5}=\frac{1}{5}$

㉔ $\frac{1}{5}-\frac{2}{5}=-\left(\frac{2}{5}-\frac{1}{5}\right)=-\frac{1}{5}$

㉕ $\frac{12}{13}-\frac{5}{13}=\frac{7}{13}$

㉖ $\frac{5}{13}-\frac{12}{13}=-\left(\frac{12}{13}-\frac{5}{13}\right)=-\frac{7}{13}$

㉗ $\frac{3}{4}-0=\frac{3}{4}$

㉘ $0-\frac{3}{4}=-\left(\frac{3}{4}-0\right)=-\frac{3}{4}$

㉙ $\frac{10}{17}-\frac{6}{17}=\frac{4}{17}$

㉚ $\frac{6}{17}-\frac{10}{17}=-\left(\frac{10}{17}-\frac{6}{17}\right)=-\frac{4}{17}$

㉛ $\frac{9}{19}-\frac{3}{19}=\frac{6}{19}$

㉜ $\frac{3}{19}-\frac{9}{19}=-\left(\frac{9}{19}-\frac{3}{19}\right)=-\frac{6}{19}$

K-5

① −3	② −6	③ 5	④ −1	⑤ −2
⑥ 1	⑦ 8	⑧ −1	⑨ 6	⑩ −1
⑪ −5	⑫ 1	⑬ −6	⑭ −4	⑮ 7
⑯ −3	⑰ −4	⑱ 3	⑲ −6	⑳ 4
㉑ −20	㉒ −30	㉓ 13	㉔ 14	㉕ −50
㉖ −24	㉗ 10	㉘ 40	㉙ −25	㉚ −5
㉛ 130	㉜ −24	㉝ −240	㉞ 200	㉟ −300
㊱ 222	㊲ −50	㊳ −90	㊴ 148	㊵ −22

〈풀이〉

① $3-6=-(6-3)=-3$
② $2-8=-(8-2)=-6$
③ $5-0=5$
④ $8-9=-(9-8)=-1$
⑤ $6-8=-(8-6)=-2$
⑥ $8-7=1$
⑦ $10-2=8$
⑧ $5-6=-(6-5)=-1$
⑨ $7-1=6$
⑩ $6-7=-(7-6)=-1$
⑪ $2-7=-(7-2)=-5$
⑫ $10-9=1$
⑬ $4-10=-(10-4)=-6$
⑭ $1-5=-(5-1)=-4$
⑮ $9-2=7$
⑯ $7-10=-(10-7)=-3$
⑰ $0-4=-(4-0)=-4$
⑱ $6-3=3$
⑲ $3-9=-(9-3)=-6$
⑳ $9-5=4$
㉑ $5-25=-(25-5)=-20$
㉒ $10-40=-(40-10)=-30$
㉓ $19-6=13$
㉔ $32-18=14$
㉕ $20-70=-(70-20)=-50$
㉖ $39-63=-(63-39)=-24$
㉗ $40-30=10$
㉘ $56-16=40$
㉙ $30-55=-(55-30)=-25$
㉚ $8-13=-(13-8)=-5$
㉛ $150-20=130$
㉜ $14-38=-(38-14)=-24$
㉝ $15-255=-(255-15)=-240$
㉞ $500-300=200$
㉟ $100-400=-(400-100)=-300$
㊱ $345-123=222$
㊲ $50-100=-(100-50)=-50$
㊳ $260-350=-(350-260)=-90$

㊴ 404−256=148

㊵ 48−70=−(70−48)=−22

K-6

① $-\frac{2}{21}$	② $\frac{3}{7}$	③ $-\frac{5}{13}$	④ $-\frac{1}{5}$	⑤ $\frac{10}{19}$
⑥ $-\frac{4}{27}$	⑦ $\frac{2}{11}$	⑧ $-\frac{4}{9}$	⑨ $\frac{11}{23}$	⑩ $-\frac{9}{11}$
⑪ $-\frac{1}{25}$	⑫ $\frac{2}{9}$	⑬ $-\frac{3}{17}$	⑭ $\frac{5}{31}$	⑮ $-\frac{5}{7}$
⑯ $-\frac{7}{29}$	⑰ $\frac{1}{2}$	⑱ $-\frac{2}{7}$	⑲ $-\frac{1}{5}$	⑳ $\frac{1}{2}$
㉑ $-\frac{2}{13}$	㉒ $\frac{3}{5}$	㉓ $-\frac{2}{3}$	㉔ $-\frac{5}{12}$	㉕ $-\frac{1}{7}$
㉖ $\frac{3}{8}$	㉗ $-\frac{2}{3}$	㉘ $-\frac{2}{5}$	㉙ $\frac{4}{11}$	㉚ $-\frac{2}{7}$
㉛ $\frac{1}{5}$	㉜ $-\frac{2}{15}$			

〈풀이〉

① $\frac{8}{21}-\frac{10}{21}=-\left(\frac{10}{21}-\frac{8}{21}\right)=-\frac{2}{21}$

② $\frac{5}{7}-\frac{2}{7}=\frac{3}{7}$

③ $\frac{2}{13}-\frac{7}{13}=-\left(\frac{7}{13}-\frac{2}{13}\right)=-\frac{5}{13}$

④ $\frac{3}{5}-\frac{4}{5}=-\left(\frac{4}{5}-\frac{3}{5}\right)=-\frac{1}{5}$

⑤ $\frac{15}{19}-\frac{5}{19}=\frac{10}{19}$

⑥ $\frac{7}{27}-\frac{11}{27}=-\left(\frac{11}{27}-\frac{7}{27}\right)=-\frac{4}{27}$

⑦ $\frac{6}{11}-\frac{4}{11}=\frac{2}{11}$

⑧ $\frac{4}{9}-\frac{8}{9}=-\left(\frac{8}{9}-\frac{4}{9}\right)=-\frac{4}{9}$

⑨ $\frac{14}{23}-\frac{3}{23}=\frac{11}{23}$

⑩ $\frac{1}{11}-\frac{10}{11}=-\left(\frac{10}{11}-\frac{1}{11}\right)=-\frac{9}{11}$

⑪ $\frac{1}{25}-\frac{2}{25}=-\left(\frac{2}{25}-\frac{1}{25}\right)=-\frac{1}{25}$

⑫ $\frac{7}{9}-\frac{5}{9}=\frac{2}{9}$

⑬ $\frac{6}{17}-\frac{9}{17}=-\left(\frac{9}{17}-\frac{6}{17}\right)=-\frac{3}{17}$

⑭ $\frac{11}{31}-\frac{6}{31}=\frac{5}{31}$

⑮ $\frac{1}{7}-\frac{6}{7}=-\left(\frac{6}{7}-\frac{1}{7}\right)=-\frac{5}{7}$

⑯ $\frac{5}{29}-\frac{12}{29}=-\left(\frac{12}{29}-\frac{5}{29}\right)=-\frac{7}{29}$

⑰ $\frac{7}{8}-\frac{3}{8}=\frac{4}{8}=\frac{1}{2}$

⑱ $\frac{5}{14}-\frac{9}{14}=-\left(\frac{9}{14}-\frac{5}{14}\right)=-\frac{4}{14}=-\frac{2}{7}$

⑲ $\frac{3}{25}-\frac{8}{25}=-\left(\frac{8}{25}-\frac{3}{25}\right)=-\frac{5}{25}=-\frac{1}{5}$

⑳ $\frac{11}{12}-\frac{5}{12}=\frac{6}{12}=\frac{1}{2}$

㉑ $\frac{5}{26}-\frac{9}{26}=-\left(\frac{9}{26}-\frac{5}{26}\right)=-\frac{4}{26}=-\frac{2}{13}$

㉒ $\frac{19}{20}-\frac{7}{20}=\frac{12}{20}=\frac{3}{5}$

㉓ $\frac{1}{6}-\frac{5}{6}=-\left(\frac{5}{6}-\frac{1}{6}\right)=-\frac{4}{6}=-\frac{2}{3}$

㉔ $\frac{7}{24}-\frac{17}{24}=-\left(\frac{17}{24}-\frac{7}{24}\right)=-\frac{10}{24}=-\frac{5}{12}$

㉕ $\frac{2}{21}-\frac{5}{21}=-\left(\frac{5}{21}-\frac{2}{21}\right)=-\frac{3}{21}=-\frac{1}{7}$

㉖ $\frac{9}{16}-\frac{3}{16}=\frac{6}{16}=\frac{3}{8}$

㉗ $\frac{2}{9}-\frac{8}{9}=-\left(\frac{8}{9}-\frac{2}{9}\right)=-\frac{6}{9}=-\frac{2}{3}$

㉘ $\frac{2}{15}-\frac{8}{15}=-\left(\frac{8}{15}-\frac{2}{15}\right)=-\frac{6}{15}=-\frac{2}{5}$

㉙ $\frac{13}{22}-\frac{5}{22}=\frac{8}{22}=\frac{4}{11}$

㉚ $\frac{9}{28}-\frac{17}{28}=-\left(\frac{17}{28}-\frac{9}{28}\right)=-\frac{8}{28}=-\frac{2}{7}$

㉛ $\frac{3}{10}-\frac{1}{10}=\frac{2}{10}=\frac{1}{5}$

㉜ $\frac{7}{30}-\frac{11}{30}=-\left(\frac{11}{30}-\frac{7}{30}\right)=-\frac{4}{30}=-\frac{2}{15}$

K-7

① 1	② 1	③ 2	④ −2	⑤ 2
⑥ −2	⑦ 3	⑧ −3	⑨ 3	⑩ −3
⑪ 3	⑫ −3	⑬ 1	⑭ −1	⑮ 4
⑯ −4	⑰ 2	⑱ −2	⑲ 5	⑳ −5
㉑ 1	㉒ −1	㉓ 2	㉔ −2	㉕ 2
㉖ −2	㉗ 1	㉘ −1	㉙ 5	㉚ −5
㉛ 5	㉜ −5	㉝ 2	㉞ −2	㉟ 3
㊱ −3	㊲ 6	㊳ −6	㊴ 3	㊵ −3

〈풀이〉

① $-4+5=+(5-4)=1$
② $-5+4=-(5-4)=-1$
③ $-4+6=+(6-4)=2$
④ $-6+4=-(6-4)=-2$
⑤ $-5+7=+(7-5)=2$
⑥ $-7+5=-(7-5)=-2$
⑦ $-5+8=+(8-5)=3$
⑧ $-8+5=-(8-5)=-3$
⑨ $-6+9=+(9-6)=3$
⑩ $-9+6=-(9-6)=-3$
⑪ $-2+5=+(5-2)=3$
⑫ $-5+2=-(5-2)=-3$
⑬ $-5+6=+(6-5)=1$
⑭ $-6+5=-(6-5)=-1$
⑮ $-3+7=+(7-3)=4$
⑯ $-7+3=-(7-3)=-4$
⑰ $-6+8=+(8-6)=2$
⑱ $-8+6=-(8-6)=-2$
⑲ $-4+9=+(9-4)=5$
⑳ $-9+4=-(9-4)=-5$
㉑ $-2+3=+(3-2)=1$
㉒ $-3+2=-(3-2)=-1$
㉓ $-7+9=+(9-7)=2$
㉔ $-9+7=-(9-7)=-2$
㉕ $-3+5=+(5-3)=2$
㉖ $-5+3=-(5-3)=-2$
㉗ $-1+2=+(2-1)=1$
㉘ $-2+1=-(2-1)=-1$
㉙ $-3+8=+(8-3)=5$
㉚ $-8+3=-(8-3)=-5$
㉛ $-1+6=+(6-1)=5$
㉜ $-6+1=-(6-1)=-5$
㉝ $-2+4=+(4-2)=2$
㉞ $-4+2=-(4-2)=-2$
㉟ $-7+10=+(10-7)=3$
㊱ $-10+7=-(10-7)=-3$
㊲ $-3+9=+(9-3)=6$
㊳ $-9+3=-(9-3)=-6$
㊴ $-4+7=+(7-4)=3$
㊵ $-7+4=-(7-4)=-3$

K - 8

① 3 ② 3 ③ $\frac{1}{9}$ ④ $-\frac{1}{9}$ ⑤ $\frac{5}{11}$
⑥ $-\frac{5}{11}$ ⑦ $\frac{4}{13}$ ⑧ $-\frac{4}{13}$ ⑨ $\frac{2}{7}$ ⑩ $-\frac{2}{7}$
⑪ $\frac{4}{9}$ ⑫ $-\frac{4}{9}$ ⑬ $\frac{3}{11}$ ⑭ $-\frac{3}{11}$ ⑮ $\frac{5}{13}$
⑯ $-\frac{5}{13}$ ⑰ $\frac{2}{5}$ ⑱ $-\frac{2}{5}$ ⑲ $\frac{4}{11}$ ⑳ $-\frac{4}{11}$
㉑ $\frac{2}{9}$ ㉒ $-\frac{2}{9}$ ㉓ $\frac{1}{17}$ ㉔ $-\frac{1}{17}$ ㉕ $\frac{6}{13}$
㉖ $-\frac{6}{13}$ ㉗ $\frac{1}{7}$ ㉘ $-\frac{1}{7}$ ㉙ $\frac{3}{19}$ ㉚ $-\frac{3}{19}$
㉛ $\frac{2}{15}$ ㉜ $-\frac{2}{15}$

〈풀이〉

① $-\frac{3}{7}+\frac{6}{7}=+\left(\frac{6}{7}-\frac{3}{7}\right)=\frac{3}{7}$
② $-\frac{6}{7}+\frac{3}{7}=-\left(\frac{6}{7}-\frac{3}{7}\right)=-\frac{3}{7}$
③ $-\frac{1}{9}+\frac{2}{9}=+\left(\frac{2}{9}-\frac{1}{9}\right)=\frac{1}{9}$
④ $-\frac{2}{9}+\frac{1}{9}=-\left(\frac{2}{9}-\frac{1}{9}\right)=-\frac{1}{9}$
⑤ $-\frac{3}{11}+\frac{8}{11}=+\left(\frac{8}{11}-\frac{3}{11}\right)=\frac{5}{11}$
⑥ $-\frac{8}{11}+\frac{3}{11}=-\left(\frac{8}{11}-\frac{3}{11}\right)=-\frac{5}{11}$
⑦ $-\frac{5}{13}+\frac{9}{13}=+\left(\frac{9}{13}-\frac{5}{13}\right)=\frac{4}{13}$
⑧ $-\frac{9}{13}+\frac{5}{13}=-\left(\frac{9}{13}-\frac{5}{13}\right)=-\frac{4}{13}$
⑨ $-\frac{1}{7}+\frac{3}{7}=+\left(\frac{3}{7}-\frac{1}{7}\right)=\frac{2}{7}$
⑩ $-\frac{3}{7}+\frac{1}{7}=-\left(\frac{3}{7}-\frac{1}{7}\right)=-\frac{2}{7}$
⑪ $-\frac{4}{9}+\frac{8}{9}=+\left(\frac{8}{9}-\frac{4}{9}\right)=\frac{4}{9}$
⑫ $-\frac{8}{9}+\frac{4}{9}=-\left(\frac{8}{9}-\frac{4}{9}\right)=-\frac{4}{9}$
⑬ $-\frac{2}{11}+\frac{5}{11}=+\left(\frac{5}{11}-\frac{2}{11}\right)=\frac{3}{11}$
⑭ $-\frac{5}{11}+\frac{2}{11}=-\left(\frac{5}{11}-\frac{2}{11}\right)=-\frac{3}{11}$
⑮ $-\frac{3}{13}+\frac{8}{13}=+\left(\frac{8}{13}-\frac{3}{13}\right)=\frac{5}{13}$
⑯ $-\frac{8}{13}+\frac{3}{13}=-\left(\frac{8}{13}-\frac{3}{13}\right)=-\frac{5}{13}$
⑰ $-\frac{1}{5}+\frac{3}{5}=+\left(\frac{3}{5}-\frac{1}{5}\right)=\frac{2}{5}$
⑱ $-\frac{3}{5}+\frac{1}{5}=-\left(\frac{3}{5}-\frac{1}{5}\right)=-\frac{2}{5}$
⑲ $-\frac{3}{11}+\frac{7}{11}=+\left(\frac{7}{11}-\frac{3}{11}\right)=\frac{4}{11}$

⑳ $-\frac{7}{11}+\frac{3}{11}=-\left(\frac{7}{11}-\frac{3}{11}\right)=-\frac{4}{11}$

㉑ $-\frac{5}{9}+\frac{7}{9}=+\left(\frac{7}{9}-\frac{5}{9}\right)=\frac{2}{9}$

㉒ $-\frac{7}{9}+\frac{5}{9}=-\left(\frac{7}{9}-\frac{5}{9}\right)=-\frac{2}{9}$

㉓ $-\frac{8}{17}+\frac{9}{17}=+\left(\frac{9}{17}-\frac{8}{17}\right)=\frac{1}{17}$

㉔ $-\frac{9}{17}+\frac{8}{17}=-\left(\frac{9}{17}-\frac{8}{17}\right)=-\frac{1}{17}$

㉕ $-\frac{4}{13}+\frac{10}{13}=+\left(\frac{10}{13}-\frac{4}{13}\right)=\frac{6}{13}$

㉖ $-\frac{10}{13}+\frac{4}{13}=-\left(\frac{10}{13}-\frac{4}{13}\right)=-\frac{6}{13}$

㉗ $-\frac{3}{7}+\frac{4}{7}=+\left(\frac{4}{7}-\frac{3}{7}\right)=\frac{1}{7}$

㉘ $-\frac{4}{7}+\frac{3}{7}=-\left(\frac{4}{7}-\frac{3}{7}\right)=-\frac{1}{7}$

㉙ $-\frac{2}{19}+\frac{5}{19}=+\left(\frac{5}{19}-\frac{2}{19}\right)=\frac{3}{19}$

㉚ $-\frac{5}{19}+\frac{2}{19}=-\left(\frac{5}{19}-\frac{2}{19}\right)=-\frac{3}{19}$

㉛ $-\frac{11}{15}+\frac{13}{15}=+\left(\frac{13}{15}-\frac{11}{15}\right)=\frac{2}{15}$

㉜ $-\frac{13}{15}+\frac{11}{15}=-\left(\frac{13}{15}-\frac{11}{15}\right)=-\frac{2}{15}$

K-9

① −8	② 4	③ −9	④ 1	⑤ −4
⑥ 1	⑦ 5	⑧ −7	⑨ 0	⑩ −1
⑪ 2	⑫ −2	⑬ 7	⑭ −6	⑮ 4
⑯ 3	⑰ −3	⑱ 4	⑲ −1	⑳ 4
㉑ 30	㉒ −30	㉓ −11	㉔ −28	㉕ 30
㉖ 42	㉗ −30	㉘ 30	㉙ 35	㉚ −3
㉛ −110	㉜ 31	㉝ −230	㉞ 500	㉟ −100
㊱ 4	㊲ −90	㊳ −30	㊴ 179	㊵ 29

〈풀이〉

① $-9+1=-(9-1)=-8$

② $-2+6=+(6-2)=4$

③ $-10+1=-(10-1)=-9$

④ $-7+8=+(8-7)=1$

⑤ $-5+1=-(5-1)=-4$

⑥ $-8+9=+(9-8)=1$

⑦ $-2+7=+(7-2)=5$

⑧ $-10+3=-(10-3)=-7$

⑨ $-7+7=0$

⑩ $-9+8=-(9-8)=-1$

⑪ $-8+10=+(10-8)=2$

⑫ $-3+1=-(3-1)=-2$

⑬ $-2+9=+(9-2)=7$

⑭ $-8+2=-(8-2)=-6$

⑮ $-6+10=+(10-6)=4$

⑯ $-1+4=+(4-1)=3$

⑰ $-6+3=-(6-3)=-3$

⑱ $-4+8=+(8-4)=4$

⑲ $-7+6=-(7-6)=-1$

⑳ $-1+5=+(5-1)=4$

㉑ $-5+35=+(35-5)=30$

㉒ $-50+20=-(50-20)=-30$

㉓ $-18+7=-(18-7)=-11$

㉔ $-43+15=-(43-15)=-28$

㉕ $-30+60=+(60-30)=30$

㉖ $-29+71=+(71-29)=42$

㉗ $-90+60=-(90-60)=-30$

㉘ $-27+57=+(57-27)=30$

㉙ $-10+45=+(45-10)=35$

㉚ $-12+9=-(12-9)=-3$

㉛ $-160+50=-(160-50)=-110$

㉜ $-52+83=+(83-52)=31$

㉝ $-246+16=-(246-16)=-230$

㉞ $-200+700=+(700-200)=500$

㉟ $-500+400=-(500-400)=-100$

㊱ $-165+169=+(169-165)=4$

㊲ $-240+150=-(240-150)=-90$

㊳ $-100+70=-(100-70)=-30$

㊴ $-127+306=+(306-127)=179$

㊵ $-11+40=+(40-11)=29$

K-10

① $-\frac{4}{7}$	② $\frac{2}{13}$	③ $-\frac{9}{25}$	④ $\frac{1}{5}$	⑤ $-\frac{4}{21}$
⑥ $\frac{13}{31}$	⑦ $\frac{7}{9}$	⑧ $-\frac{3}{11}$	⑨ $\frac{6}{19}$	⑩ 0
⑪ $-\frac{8}{27}$	⑫ $\frac{6}{11}$	⑬ $\frac{4}{23}$	⑭ $-\frac{5}{17}$	⑮ $-\frac{3}{29}$
⑯ $\frac{2}{7}$	⑰ $\frac{1}{2}$	⑱ $-\frac{3}{8}$	⑲ $\frac{2}{3}$	⑳ $-\frac{4}{15}$
㉑ $\frac{1}{3}$	㉒ $-\frac{5}{13}$	㉓ $\frac{1}{3}$	㉔ $-\frac{2}{11}$	㉕ $-\frac{2}{5}$
㉖ $\frac{2}{9}$	㉗ $\frac{3}{5}$	㉘ $-\frac{1}{4}$	㉙ $\frac{2}{3}$	㉚ $\frac{2}{7}$
㉛ $-\frac{3}{7}$	㉜ $-\frac{2}{5}$			

〈풀이〉

① $-\frac{6}{7}+\frac{2}{7}=-\left(\frac{6}{7}-\frac{2}{7}\right)=-\frac{4}{7}$

② $-\frac{4}{13}+\frac{6}{13}=+\left(\frac{6}{13}-\frac{4}{13}\right)=\frac{2}{13}$

③ $-\frac{17}{25}+\frac{8}{25}=-\left(\frac{17}{25}-\frac{8}{25}\right)=-\frac{9}{25}$

④ $-\frac{1}{5}+\frac{2}{5}=+\left(\frac{2}{5}-\frac{1}{5}\right)=\frac{1}{5}$

⑤ $-\frac{17}{21}+\frac{13}{21}=-\left(\frac{17}{21}-\frac{13}{21}\right)=-\frac{4}{21}$

⑥ $-\frac{7}{31}+\frac{20}{31}=+\left(\frac{20}{31}-\frac{7}{31}\right)=\frac{13}{31}$

⑦ $-\frac{1}{9}+\frac{8}{9}=+\left(\frac{8}{9}-\frac{1}{9}\right)=\frac{7}{9}$

⑧ $-\frac{6}{11}+\frac{3}{11}=-\left(\frac{6}{11}-\frac{3}{11}\right)=-\frac{3}{11}$

⑨ $-\frac{3}{19}+\frac{9}{19}=+\left(\frac{9}{19}-\frac{3}{19}\right)=\frac{6}{19}$

⑩ $-\frac{2}{9}+\frac{2}{9}=0$

⑪ $-\frac{10}{27}+\frac{2}{27}=-\left(\frac{10}{27}-\frac{2}{27}\right)=-\frac{8}{27}$

⑫ $-\frac{4}{11}+\frac{10}{11}=+\left(\frac{10}{11}-\frac{4}{11}\right)=\frac{6}{11}$

⑬ $-\frac{8}{23}+\frac{12}{23}=+\left(\frac{12}{23}-\frac{8}{23}\right)=\frac{4}{23}$

⑭ $-\frac{8}{17}+\frac{3}{17}=-\left(\frac{8}{17}-\frac{3}{17}\right)=-\frac{5}{17}$

⑮ $-\frac{9}{29}+\frac{6}{29}=-\left(\frac{9}{29}-\frac{6}{29}\right)=-\frac{3}{29}$

⑯ $-\frac{2}{7}+\frac{4}{7}=+\left(\frac{4}{7}-\frac{2}{7}\right)=\frac{2}{7}$

⑰ $-\frac{1}{4}+\frac{3}{4}=+\left(\frac{3}{4}-\frac{1}{4}\right)=\frac{2}{4}=\frac{1}{2}$

⑱ $-\frac{13}{16}+\frac{7}{16}=-\left(\frac{13}{16}-\frac{7}{16}\right)=-\frac{6}{16}=-\frac{3}{8}$

⑲ $-\frac{2}{21}+\frac{16}{21}=+\left(\frac{16}{21}-\frac{2}{21}\right)=\frac{14}{21}=\frac{2}{3}$

⑳ $-\frac{19}{30}+\frac{11}{30}=-\left(\frac{19}{30}-\frac{11}{30}\right)=-\frac{8}{30}=-\frac{4}{15}$

㉑ $-\frac{7}{12}+\frac{11}{12}=+\left(\frac{11}{12}-\frac{7}{12}\right)=\frac{4}{12}=\frac{1}{3}$

㉒ $-\frac{19}{26}+\frac{9}{26}=-\left(\frac{19}{26}-\frac{9}{26}\right)=-\frac{10}{26}=-\frac{5}{13}$

㉓ $-\frac{4}{9}+\frac{7}{9}=+\left(\frac{7}{9}-\frac{4}{9}\right)=\frac{3}{9}=\frac{1}{3}$

㉔ $-\frac{9}{22}+\frac{5}{22}=-\left(\frac{9}{22}-\frac{5}{22}\right)=-\frac{4}{22}=-\frac{2}{11}$

㉕ $-\frac{7}{10}+\frac{3}{10}=-\left(\frac{7}{10}-\frac{3}{10}\right)=-\frac{4}{10}=-\frac{2}{5}$

㉖ $-\frac{1}{18}+\frac{5}{18}=+\left(\frac{5}{18}-\frac{1}{18}\right)=\frac{4}{18}=\frac{2}{9}$

㉗ $-\frac{2}{25}+\frac{17}{25}=+\left(\frac{17}{25}-\frac{2}{25}\right)=\frac{15}{25}=\frac{3}{5}$

㉘ $-\frac{5}{8}+\frac{3}{8}=-\left(\frac{5}{8}-\frac{3}{8}\right)=-\frac{2}{8}=-\frac{1}{4}$

㉙ $-\frac{1}{15}+\frac{11}{15}=+\left(\frac{11}{15}-\frac{1}{15}\right)=\frac{10}{15}=\frac{2}{3}$

㉚ $-\frac{5}{28}+\frac{13}{28}=+\left(\frac{13}{28}-\frac{5}{28}\right)=\frac{8}{28}=\frac{2}{7}$

㉛ $-\frac{9}{14}+\frac{3}{14}=-\left(\frac{9}{14}-\frac{3}{14}\right)=-\frac{6}{14}=-\frac{3}{7}$

㉜ $-\frac{17}{20}+\frac{9}{20}=-\left(\frac{17}{20}-\frac{9}{20}\right)=-\frac{8}{20}=-\frac{2}{5}$

K-11

① 5	② 5	③ −7	④ −7	⑤ −8
⑥ −8	⑦ −10	⑧ −10	⑨ −11	⑩ −11
⑪ −6	⑫ −6	⑬ −8	⑭ −8	⑮ −10
⑯ −10	⑰ −12	⑱ −12	⑲ −9	⑳ −9
㉑ −5	㉒ −5	㉓ −10	㉔ −10	㉕ −9
㉖ −9	㉗ −6	㉘ −6	㉙ −14	㉚ −14
㉛ −9	㉜ −9	㉝ −12	㉞ −12	㉟ −3
㊱ −3	㊲ −14	㊳ −14	㊴ −7	㊵ −7

〈풀이〉

① $-4-1=-(4+1)=-5$

② $-1-4=-(1+4)=-5$

③ $-5-2=-(5+2)=-7$

④ $-2-5=-(2+5)=-7$

⑤ $-6-2=-(6+2)=-8$

⑥ $-2-6=-(2+6)=-8$

⑦ $-7-3=-(7+3)=-10$

⑧ $-3-7=-(3+7)=-10$

⑨ $-8-3=-(8+3)=-11$

⑩ $-3-8=-(3+8)=-11$

⑪ $-4-2=-(4+2)=-6$

⑫ $-2-4=-(2+4)=-6$

⑬ $-5-3=-(5+3)=-8$

⑭ $-3-5=-(3+5)=-8$

⑮ $-6-4=-(6+4)=-10$

⑯ $-4-6=-(4+6)=-10$

⑰ $-7-5=-(7+5)=-12$

⑱ $-5-7=-(5+7)=-12$

⑲ $-8-1=-(8+1)=-9$
⑳ $-1-8=-(1+8)=-9$
㉑ $-3-2=-(3+2)=-5$
㉒ $-2-3=-(2+3)=-5$
㉓ $-9-1=-(9+1)=-10$
㉔ $-1-9=-(1+9)=-10$
㉕ $-7-2=-(7+2)=-9$
㉖ $-2-7=-(2+7)=-9$
㉗ $-5-1=-(5+1)=-6$
㉘ $-1-5=-(1+5)=-6$
㉙ $-10-4=-(10+4)=-14$
㉚ $-4-10=-(4+10)=-14$
㉛ $-6-3=-(6+3)=-9$
㉜ $-3-6=-(3+6)=-9$
㉝ $-8-4=-(8+4)=-12$
㉞ $-4-8=-(4+8)=-12$
㉟ $-2-1=-(2+1)=-3$
㊱ $-1-2=-(1+2)=-3$
㊲ $-9-5=-(9+5)=-14$
㊳ $-5-9=-(5+9)=-14$
㊴ $-4-3=-(4+3)=-7$
㊵ $-3-4=-(3+4)=-7$

K - 12

① 4 ② 4 ③ $-\frac{7}{11}$ ④ $-\frac{7}{11}$ ⑤ $-\frac{9}{13}$
⑥ $-\frac{9}{13}$ ⑦ $-\frac{11}{17}$ ⑧ $-\frac{11}{17}$ ⑨ $-\frac{6}{7}$ ⑩ $-\frac{6}{7}$
⑪ $-\frac{10}{11}$ ⑫ $-\frac{10}{11}$ ⑬ $-\frac{12}{13}$ ⑭ $-\frac{12}{13}$ ⑮ $-\frac{12}{17}$
⑯ $-\frac{12}{17}$ ⑰ $-\frac{9}{11}$ ⑱ $-\frac{9}{11}$ ⑲ $-\frac{4}{5}$ ⑳ $-\frac{4}{5}$
㉑ $-\frac{10}{17}$ ㉒ $-\frac{10}{17}$ ㉓ $-\frac{7}{9}$ ㉔ $-\frac{7}{9}$ ㉕ $-\frac{11}{15}$
㉖ $-\frac{11}{15}$ ㉗ $-\frac{7}{13}$ ㉘ $-\frac{7}{13}$ ㉙ $-\frac{3}{7}$ ㉚ $-\frac{3}{7}$
㉛ $-\frac{15}{19}$ ㉜ $-\frac{15}{19}$

〈풀이〉

① $-\frac{3}{7}-\frac{1}{7}=-\left(\frac{3}{7}+\frac{1}{7}\right)=-\frac{4}{7}$
② $-\frac{1}{7}-\frac{3}{7}=-\left(\frac{1}{7}+\frac{3}{7}\right)=-\frac{4}{7}$
③ $-\frac{4}{11}-\frac{3}{11}=-\left(\frac{4}{11}+\frac{3}{11}\right)=-\frac{7}{11}$
④ $-\frac{3}{11}-\frac{4}{11}=-\left(\frac{3}{11}+\frac{4}{11}\right)=-\frac{7}{11}$
⑤ $-\frac{5}{13}-\frac{4}{13}=-\left(\frac{5}{13}+\frac{4}{13}\right)=-\frac{9}{13}$
⑥ $-\frac{4}{13}-\frac{5}{13}=-\left(\frac{4}{13}+\frac{5}{13}\right)=-\frac{9}{13}$
⑦ $-\frac{6}{17}-\frac{5}{17}=-\left(\frac{6}{17}+\frac{5}{17}\right)=-\frac{11}{17}$
⑧ $-\frac{5}{17}-\frac{6}{17}=-\left(\frac{5}{17}+\frac{6}{17}\right)=-\frac{11}{17}$
⑨ $-\frac{4}{7}-\frac{2}{7}=-\left(\frac{4}{7}+\frac{2}{7}\right)=-\frac{6}{7}$
⑩ $-\frac{2}{7}-\frac{4}{7}=-\left(\frac{2}{7}+\frac{4}{7}\right)=-\frac{6}{7}$
⑪ $-\frac{6}{11}-\frac{4}{11}=-\left(\frac{6}{11}+\frac{4}{11}\right)=-\frac{10}{11}$
⑫ $-\frac{4}{11}-\frac{6}{11}=-\left(\frac{4}{11}+\frac{6}{11}\right)=-\frac{10}{11}$
⑬ $-\frac{9}{13}-\frac{3}{13}=-\left(\frac{9}{13}+\frac{3}{13}\right)=-\frac{12}{13}$
⑭ $-\frac{3}{13}-\frac{9}{13}=-\left(\frac{3}{13}+\frac{9}{13}\right)=-\frac{12}{13}$
⑮ $-\frac{10}{17}-\frac{2}{17}=-\left(\frac{10}{17}+\frac{2}{17}\right)=-\frac{12}{17}$
⑯ $-\frac{2}{17}-\frac{10}{17}=-\left(\frac{2}{17}+\frac{10}{17}\right)=-\frac{12}{17}$
⑰ $-\frac{7}{11}-\frac{2}{11}=-\left(\frac{7}{11}+\frac{2}{11}\right)=-\frac{9}{11}$
⑱ $-\frac{2}{11}-\frac{7}{11}=-\left(\frac{2}{11}+\frac{7}{11}\right)=-\frac{9}{11}$
⑲ $-\frac{3}{5}-\frac{1}{5}=-\left(\frac{3}{5}+\frac{1}{5}\right)=-\frac{4}{5}$
⑳ $-\frac{1}{5}-\frac{3}{5}=-\left(\frac{1}{5}+\frac{3}{5}\right)=-\frac{4}{5}$
㉑ $-\frac{6}{17}-\frac{4}{17}=-\left(\frac{6}{17}+\frac{4}{17}\right)=-\frac{10}{17}$
㉒ $-\frac{4}{17}-\frac{6}{17}=-\left(\frac{4}{17}+\frac{6}{17}\right)=-\frac{10}{17}$
㉓ $-\frac{5}{9}-\frac{2}{9}=-\left(\frac{5}{9}+\frac{2}{9}\right)=-\frac{7}{9}$
㉔ $-\frac{2}{9}-\frac{5}{9}=-\left(\frac{2}{9}+\frac{5}{9}\right)=-\frac{7}{9}$
㉕ $-\frac{7}{15}-\frac{4}{15}=-\left(\frac{7}{15}+\frac{4}{15}\right)=-\frac{11}{15}$
㉖ $-\frac{4}{15}-\frac{7}{15}=-\left(\frac{4}{15}+\frac{7}{15}\right)=-\frac{11}{15}$
㉗ $-\frac{4}{13}-\frac{3}{13}=-\left(\frac{4}{13}+\frac{3}{13}\right)=-\frac{7}{13}$
㉘ $-\frac{3}{13}-\frac{4}{13}=-\left(\frac{3}{13}+\frac{4}{13}\right)=-\frac{7}{13}$

㉙ $-\frac{2}{7}-\frac{1}{7}=-\left(\frac{2}{7}+\frac{1}{7}\right)=-\frac{3}{7}$

㉚ $-\frac{1}{7}-\frac{2}{7}=-\left(\frac{1}{7}+\frac{2}{7}\right)=-\frac{3}{7}$

㉛ $-\frac{10}{19}-\frac{5}{19}=-\left(\frac{10}{19}+\frac{5}{19}\right)=-\frac{15}{19}$

㉜ $-\frac{5}{19}-\frac{10}{19}=-\left(\frac{5}{19}+\frac{10}{19}\right)=-\frac{15}{19}$

K - 13

① −10	② −2	③ −16	④ −13	⑤ −10
⑥ −11	⑦ −18	⑧ −11	⑨ −15	⑩ −7
⑪ −8	⑫ −14	⑬ −16	⑭ −11	⑮ −11
⑯ −9	⑰ −13	⑱ −18	⑲ −13	⑳ −13
㉑ −24	㉒ −30	㉓ −25	㉔ −50	㉕ −70
㉖ −40	㉗ −60	㉘ −67	㉙ −50	㉚ −24
㉛ −130	㉜ −55	㉝ −399	㉞ −700	㉟ −58
㊱ −180	㊲ −200	㊳ −100	㊴ −411	㊵ −54

〈풀이〉

① −2−8=−(2+8)=−10
② −1−1=−(1+1)=−2
③ −10−6=−(10+6)=−16
④ −9−4=−(9+4)=−13
⑤ −5−5=−(5+5)=−10
⑥ −7−4=−(7+4)=−11
⑦ −10−8=−(10+8)=−18
⑧ −1−10=−(1+10)=−11
⑨ −9−6=−(9+6)=−15
⑩ −6−1=−(6+1)=−7
⑪ −1−7=−(1+7)=−8
⑫ −6−8=−(6+8)=−14
⑬ −7−9=−(7+9)=−16
⑭ −5−6=−(5+6)=−11
⑮ −2−9=−(2+9)=−11
⑯ −4−5=−(4+5)=−9
⑰ −3−10=−(3+10)=−13
⑱ −9−9=−(9+9)=−18
⑲ −7−6=−(7+6)=−13
⑳ −8−5=−(8+5)=−13
㉑ −3−21=−(3+21)=−24
㉒ −10−20=−(10+20)=−30
㉓ −16−9=−(16+9)=−25
㉔ −35−15=−(35+15)=−50
㉕ −40−30=−(40+30)=−70
㉖ −19−21=−(19+21)=−40
㉗ −20−40=−(20+40)=−60
㉘ −17−50=−(17+50)=−67
㉙ −30−20=−(30+20)=−50
㉚ −7−17=−(7+17)=−24
㉛ −110−20=−(110+20)=−130
㉜ −24−31=−(24+31)=−55
㉝ −355−44=−(355+44)=−399
㉞ −300−400=−(300+400)=−700
㉟ −43−15=−(43+15)=−58
㊱ −38−142=−(38+142)=−180
㊲ −100−100=−(100+100)=−200
㊳ −59−41=−(59+41)=−100
㊴ −239−172=−(239+172)=−411
㊵ −18−36=−(18+36)=−54

K - 14

① $-\frac{12}{17}$	② $-\frac{2}{3}$	③ $-\frac{17}{23}$	④ $-\frac{5}{7}$	⑤ $-\frac{5}{9}$
⑥ $-\frac{8}{19}$	⑦ $-\frac{19}{27}$	⑧ $-\frac{8}{13}$	⑨ $-\frac{8}{9}$	⑩ $-\frac{8}{29}$
⑪ $-\frac{13}{15}$	⑫ $-\frac{23}{31}$	⑬ $-\frac{7}{25}$	⑭ $-\frac{6}{7}$	⑮ $-\frac{9}{11}$
⑯ $-\frac{13}{21}$	⑰ $-\frac{2}{5}$	⑱ $-\frac{8}{13}$	⑲ $-\frac{4}{7}$	⑳ $-\frac{6}{11}$
㉑ $-\frac{2}{3}$	㉒ $-\frac{3}{4}$	㉓ $-\frac{3}{5}$	㉔ $-\frac{3}{4}$	㉕ $-\frac{4}{5}$
㉖ $-\frac{4}{7}$	㉗ $-\frac{1}{3}$	㉘ $-\frac{5}{7}$	㉙ $-\frac{1}{2}$	㉚ $-\frac{11}{12}$
㉛ $-\frac{2}{3}$	㉜ $-\frac{1}{2}$			

〈풀이〉

① $-\frac{4}{17}-\frac{8}{17}=-\left(\frac{4}{17}+\frac{8}{17}\right)=-\frac{12}{17}$

② $-\frac{1}{3}-\frac{1}{3}=-\left(\frac{1}{3}+\frac{1}{3}\right)=-\frac{2}{3}$

③ $-\frac{7}{23}-\frac{10}{23}=-\left(\frac{7}{23}+\frac{10}{23}\right)=-\frac{17}{23}$

④ $-\frac{3}{7}-\frac{2}{7}=-\left(\frac{3}{7}+\frac{2}{7}\right)=-\frac{5}{7}$

⑤ $-\frac{4}{9}-\frac{1}{9}=-\left(\frac{4}{9}+\frac{1}{9}\right)=-\frac{5}{9}$

⑥ $-\frac{5}{19}-\frac{3}{19}=-\left(\frac{5}{19}+\frac{3}{19}\right)=-\frac{8}{19}$

⑦ $-\frac{8}{27}-\frac{11}{27}=-\left(\frac{8}{27}+\frac{11}{27}\right)=-\frac{19}{27}$

⑧ $-\frac{2}{13}-\frac{6}{13}=-\left(\frac{2}{13}+\frac{6}{13}\right)=-\frac{8}{13}$

⑨ $-\frac{1}{9}-\frac{7}{9}=-\left(\frac{1}{9}+\frac{7}{9}\right)=-\frac{8}{9}$

⑩ $-\frac{4}{29}-\frac{4}{29}=-\left(\frac{4}{29}+\frac{4}{29}\right)=-\frac{8}{29}$

⑪ $-\frac{11}{15}-\frac{2}{15}=-\left(\frac{11}{15}+\frac{2}{15}\right)=-\frac{13}{15}$

⑫ $-\frac{9}{31}-\frac{14}{31}=-\left(\frac{9}{31}+\frac{14}{31}\right)=-\frac{23}{31}$

⑬ $-\frac{6}{25}-\frac{1}{25}=-\left(\frac{6}{25}+\frac{1}{25}\right)=-\frac{7}{25}$

⑭ $-\frac{1}{7}-\frac{5}{7}=-\left(\frac{1}{7}+\frac{5}{7}\right)=-\frac{6}{7}$

⑮ $-\frac{5}{11}-\frac{4}{11}=-\left(\frac{5}{11}+\frac{4}{11}\right)=-\frac{9}{11}$

⑯ $-\frac{8}{21}-\frac{5}{21}=-\left(\frac{8}{21}+\frac{5}{21}\right)=-\frac{13}{21}$

⑰ $-\frac{1}{10}-\frac{3}{10}=-\left(\frac{1}{10}+\frac{3}{10}\right)=-\frac{4}{10}=-\frac{2}{5}$

⑱ $-\frac{9}{26}-\frac{7}{26}=-\left(\frac{9}{26}+\frac{7}{26}\right)=-\frac{16}{26}=-\frac{8}{13}$

⑲ $-\frac{3}{14}-\frac{5}{14}=-\left(\frac{3}{14}+\frac{5}{14}\right)=-\frac{8}{14}=-\frac{4}{7}$

⑳ $-\frac{9}{22}-\frac{3}{22}=-\left(\frac{9}{22}+\frac{3}{22}\right)=-\frac{12}{22}=-\frac{6}{11}$

㉑ $-\frac{5}{18}-\frac{7}{18}=-\left(\frac{5}{18}+\frac{7}{18}\right)=-\frac{12}{18}=-\frac{2}{3}$

㉒ $-\frac{5}{8}-\frac{1}{8}=-\left(\frac{5}{8}+\frac{1}{8}\right)=-\frac{6}{8}=-\frac{3}{4}$

㉓ $-\frac{6}{25}-\frac{9}{25}=-\left(\frac{6}{25}+\frac{9}{25}\right)=-\frac{15}{25}=-\frac{3}{5}$

㉔ $-\frac{9}{16}-\frac{3}{16}=-\left(\frac{9}{16}+\frac{3}{16}\right)=-\frac{12}{16}=-\frac{3}{4}$

㉕ $-\frac{4}{15}-\frac{8}{15}=-\left(\frac{4}{15}+\frac{8}{15}\right)=-\frac{12}{15}=-\frac{4}{5}$

㉖ $-\frac{13}{28}-\frac{3}{28}=-\left(\frac{13}{28}+\frac{3}{28}\right)=-\frac{16}{28}=-\frac{4}{7}$

㉗ $-\frac{1}{6}-\frac{1}{6}=-\left(\frac{1}{6}+\frac{1}{6}\right)=-\frac{2}{6}=-\frac{1}{3}$

㉘ $-\frac{4}{21}-\frac{11}{21}=-\left(\frac{4}{21}+\frac{11}{21}\right)=-\frac{15}{21}=-\frac{5}{7}$

㉙ $-\frac{5}{12}-\frac{1}{12}=-\left(\frac{5}{12}+\frac{1}{12}\right)=-\frac{6}{12}=-\frac{1}{2}$

㉚ $-\frac{17}{24}-\frac{5}{24}=-\left(\frac{17}{24}+\frac{5}{24}\right)=-\frac{22}{24}=-\frac{11}{12}$

㉛ $-\frac{2}{9}-\frac{4}{9}=-\left(\frac{2}{9}+\frac{4}{9}\right)=-\frac{6}{9}=-\frac{2}{3}$

㉜ $-\frac{7}{20}-\frac{3}{20}=-\left(\frac{7}{20}+\frac{3}{20}\right)=-\frac{10}{20}=-\frac{1}{2}$

K - 15

① −5	② 4	③ −8	④ 2	⑤ −9
⑥ 11	⑦ −14	⑧ −64	⑨ 80	⑩ −149
⑪ −0.5	⑫ 0.1	⑬ 0.3	⑭ −0.2	⑮ −0.1
⑯ 1.6	⑰ −2.3	⑱ −1.4	⑲ 3.4	⑳ −0.3
㉑ $\frac{1}{7}$	㉒ $-\frac{3}{11}$	㉓ $\frac{1}{9}$	㉔ $-\frac{3}{13}$	㉕ $\frac{1}{3}$
㉖ $-\frac{1}{4}$	㉗ $\frac{4}{7}$	㉘ $-\frac{3}{8}$	㉙ $-\frac{1}{4}$	㉚ $-3\frac{4}{13}$
㉛ 6	㉜ $3\frac{8}{17}$	㉝ $-7\frac{1}{2}$	㉞ $-4\frac{8}{11}$	㉟ $\frac{2}{3}$
㊱ $-2\frac{3}{5}$				

〈풀이〉

① $4-9=-(9-4)=-5$

② $5-1=4$

③ $2-10=-(10-2)=-8$

④ $8-6=2$

⑤ $7-16=-(16-7)=-9$

⑥ $23-12=11$

⑦ $49-63=-(63-49)=-14$

⑧ $34-98=-(98-34)=-64$

⑨ $100-20=80$

⑩ $107-256=-(256-107)=-149$

⑪ $0.1-0.6=-(0.6-0.1)=-0.5$

⑫ $0.2-0.1=0.1$

⑬ $0.6-0.3=0.3$

⑭ $0.3-0.5=-(0.5-0.3)=-0.2$

⑮ $0.2-0.3=-(0.3-0.2)=-0.1$

⑯ $3.8-2.2=1.6$

⑰ $6.5-8.8=-(8.8-6.5)=-2.3$

⑱ $3.3-4.7=-(4.7-3.3)=-1.4$

⑲ $4.6-1.2=3.4$

⑳ $5.5-5.8=-(5.8-5.5)=-0.3$

㉑ $\frac{4}{7}-\frac{3}{7}=\frac{1}{7}$

㉒ $\frac{6}{11}-\frac{9}{11}=-\left(\frac{9}{11}-\frac{6}{11}\right)=-\frac{3}{11}$

㉓ $\frac{2}{9}-\frac{1}{9}=\frac{1}{9}$

㉔ $\frac{9}{13}-\frac{12}{13}=-\left(\frac{12}{13}-\frac{9}{13}\right)=-\frac{3}{13}$

㉕ $\frac{7}{9}-\frac{4}{9}=\frac{3}{9}=\frac{1}{3}$

㉖ $\frac{1}{8}-\frac{3}{8}=-\left(\frac{3}{8}-\frac{1}{8}\right)=-\frac{2}{8}=-\frac{1}{4}$

㉗ $\frac{11}{14}-\frac{3}{14}=\frac{8}{14}=\frac{4}{7}$

㉘ $\frac{9}{16}-\frac{15}{16}=-\left(\frac{15}{16}-\frac{9}{16}\right)=-\frac{6}{16}=-\frac{3}{8}$

㉙ $2-2\frac{1}{4}=-\left(2\frac{1}{4}-2\right)=-\frac{1}{4}$

㉚ $\frac{7}{13}-3\frac{11}{13}=-\left(3\frac{11}{13}-\frac{7}{13}\right)=-3\frac{4}{13}$

㉛ $6\frac{4}{5}-\frac{4}{5}=6$

㉜ $4\frac{10}{17}-1\frac{2}{17}=3\frac{8}{17}$

㉝ $\frac{1}{2}-8=-\left(8-\frac{1}{2}\right)=-\left(7\frac{2}{2}-\frac{1}{2}\right)=-7\frac{1}{2}$

㉞ $\frac{7}{11}-5\frac{4}{11}=-\left(5\frac{4}{11}-\frac{7}{11}\right)=-\left(4\frac{15}{11}-\frac{7}{11}\right)=-4\frac{8}{11}$

㉟ $1\frac{1}{12}-\frac{5}{12}=\frac{13}{12}-\frac{5}{12}=\frac{8}{12}=\frac{2}{3}$

㊱ $2\frac{7}{10}-5\frac{3}{10}=-\left(5\frac{3}{10}-2\frac{7}{10}\right)=-\left(4\frac{13}{10}-2\frac{7}{10}\right)$

$=-2\frac{6}{10}=-2\frac{3}{5}$

K - 16

① −4	② −7	③ 27	④ −1	⑤ 170
⑥ −17	⑦ 1	⑧ −50	⑨ −2	⑩ 21
⑪ 2.4	⑫ −5.3	⑬ 2.6	⑭ 0.5	⑮ −6.6
⑯ −1.7	⑰ 5.6	⑱ −0.2	⑲ −3.9	⑳ 3.11
㉑ $4\frac{2}{3}$	㉒ $-\frac{3}{5}$	㉓ $\frac{4}{13}$	㉔ $-9\frac{1}{6}$	㉕ $-\frac{4}{21}$
㉖ $4\frac{9}{11}$	㉗ $\frac{3}{4}$	㉘ $-\frac{6}{7}$	㉙ $-\frac{1}{3}$	㉚ $4\frac{5}{17}$
㉛ $1\frac{5}{6}$	㉜ $-3\frac{1}{4}$	㉝ $-\frac{2}{5}$	㉞ $3\frac{2}{5}$	㉟ $-5\frac{2}{7}$
㊱ $-2\frac{4}{5}$				

〈풀이〉

※ 여기 16a부터 30b까지는 암산으로 계산을 하여 답을 써야 한다. 다음의 풀이는 암산이 안 되는 학생들을 위하여 써 놓은 것이므로, 계산 과정을 참조하여 답만 쓰도록 한다.

① 5−9=−(9−5)=−4
② 4−11=−(11−4)=−7
③ 55−28=27
④ 7−8=−(8−7)=−1
⑤ 450−280=170
⑥ 23−40=−(40−23)=−17
⑦ 6−5=1
⑧ 70−120=−(120−70)=−50
⑨ 8−10=−(10−8)=−2
⑩ 36−15=21
⑪ 3−0.6=2.4
⑫ 0.4−5.7=−(5.7−0.4)=−5.3
⑬ 3.2−0.6=2.6
⑭ 4.5−4=0.5
⑮ 2.3−8.9=−(8.9−2.3)=−6.6
⑯ 0.3−2=−(2−0.3)=−1.7
⑰ 7−1.4=5.6
⑱ 0.6−0.8=−(0.8−0.6)=−0.2
⑲ 3.5−7.4=−(7.4−3.5)=−3.9
⑳ 3.52−0.41=3.11

㉑ $5-\frac{1}{3}=4\frac{3}{3}-\frac{1}{3}=4\frac{2}{3}$

㉒ $3\frac{3}{10}-3\frac{9}{10}=-\left(3\frac{9}{10}-3\frac{3}{10}\right)=-\frac{6}{10}=-\frac{3}{5}$

㉓ $\frac{10}{13}-\frac{6}{13}=\frac{4}{13}$

㉔ $\frac{5}{6}-10=-\left(10-\frac{5}{6}\right)=-\left(9\frac{6}{6}-\frac{5}{6}\right)=-9\frac{1}{6}$

㉕ $\frac{4}{21}-\frac{8}{21}=-\left(\frac{8}{21}-\frac{4}{21}\right)=-\frac{4}{21}$

㉖ $5\frac{5}{11}-\frac{7}{11}=4\frac{16}{11}-\frac{7}{11}=4\frac{9}{11}$

㉗ $\frac{7}{8}-\frac{1}{8}=\frac{6}{8}=\frac{3}{4}$

㉘ $\frac{5}{7}-1\frac{4}{7}=-\left(1\frac{4}{7}-\frac{5}{7}\right)=-\left(\frac{11}{7}-\frac{5}{7}\right)=-\frac{6}{7}$

㉙ $\frac{5}{9}-\frac{8}{9}=-\left(\frac{8}{9}-\frac{5}{9}\right)=-\frac{3}{9}=-\frac{1}{3}$

㉚ $4\frac{11}{17}-\frac{6}{17}=4\frac{5}{17}$

㉛ $7\frac{5}{12}-5\frac{7}{12}=6\frac{17}{12}-5\frac{7}{12}=1\frac{10}{12}=1\frac{5}{6}$

㉜ $2\frac{3}{4}-6=-\left(6-2\frac{3}{4}\right)=-\left(5\frac{4}{4}-2\frac{3}{4}\right)=-3\frac{1}{4}$

㉝ $6\frac{2}{5}-6\frac{4}{5}=-\left(6\frac{4}{5}-6\frac{2}{5}\right)=-\frac{2}{5}$

㉞ $7-3\frac{3}{5}=6\frac{5}{5}-3\frac{3}{5}=3\frac{2}{5}$

㉟ $\frac{9}{14}-5\frac{13}{14}=-\left(5\frac{13}{14}-\frac{9}{14}\right)=-5\frac{4}{14}=-5\frac{2}{7}$

㊱ $1\frac{7}{20}-4\frac{3}{20}=-\left(4\frac{3}{20}-1\frac{7}{20}\right)$

$=-\left(3\frac{23}{20}-1\frac{7}{20}\right)$

$=-2\frac{16}{20}=-2\frac{4}{5}$

K-17

① 1	② -5	③ -4	④ 2	⑤ -8
⑥ 32	⑦ -40	⑧ 52	⑨ -50	⑩ -158
⑪ 0.2	⑫ -0.1	⑬ 0.3	⑭ -0.5	⑮ -0.4
⑯ 2.2	⑰ -3.2	⑱ 5.2	⑲ -6.6	⑳ 1.2
㉑ $-\frac{3}{5}$	㉒ $\frac{6}{11}$	㉓ $-\frac{1}{7}$	㉔ $\frac{5}{9}$	㉕ $-\frac{1}{4}$
㉖ $\frac{1}{2}$	㉗ $\frac{3}{5}$	㉘ $-\frac{3}{7}$	㉙ $-\frac{2}{3}$	㉚ $3\frac{3}{7}$
㉛ $-6\frac{2}{13}$	㉜ $\frac{5}{19}$	㉝ $4\frac{1}{4}$	㉞ $-\frac{14}{15}$	㉟ $-1\frac{4}{5}$
㊱ $6\frac{3}{4}$				

〈풀이〉

① $-6+7=+(7-6)=1$

② $-10+5=-(10-5)=-5$

③ $-8+4=-(8-4)=-4$

④ $-1+3=+(3-1)=2$

⑤ $-14+6=-(14-6)=-8$

⑥ $-15+47=+(47-15)=32$

⑦ $-62+22=-(62-22)=-40$

⑧ $-38+90=+(90-38)=52$

⑨ $-120+70=-(120-70)=-50$

⑩ $-309+151=-(309-151)=-158$

⑪ $-0.4+0.6=+(0.6-0.4)=0.2$

⑫ $-0.9+0.8=-(0.9-0.8)=-0.1$

⑬ $-0.4+0.7=+(0.7-0.4)=0.3$

⑭ $-0.8+0.3=-(0.8-0.3)=-0.5$

⑮ $-0.5+0.1=-(0.5-0.1)=-0.4$

⑯ $-5.2+7.4=+(7.4-5.2)=2.2$

⑰ $-8.9+5.7=-(8.9-5.7)=-3.2$

⑱ $-1.6+6.8=+(6.8-1.6)=5.2$

⑲ $-9.8+3.2=-(9.8-3.2)=-6.6$

⑳ $-3.3+4.5=+(4.5-3.3)=1.2$

㉑ $-\frac{4}{5}+\frac{1}{5}=-\left(\frac{4}{5}-\frac{1}{5}\right)=-\frac{3}{5}$

㉒ $-\frac{3}{11}+\frac{9}{11}=+\left(\frac{9}{11}-\frac{3}{11}\right)=\frac{6}{11}$

㉓ $-\frac{6}{7}+\frac{5}{7}=-\left(\frac{6}{7}-\frac{5}{7}\right)=-\frac{1}{7}$

㉔ $-\frac{2}{9}+\frac{7}{9}=+\left(\frac{7}{9}-\frac{2}{9}\right)=\frac{5}{9}$

㉕ $-\frac{7}{8}+\frac{5}{8}=-\left(\frac{7}{8}-\frac{5}{8}\right)=-\frac{2}{8}=-\frac{1}{4}$

㉖ $-\frac{5}{12}+\frac{11}{12}=+\left(\frac{11}{12}-\frac{5}{12}\right)=\frac{6}{12}=\frac{1}{2}$

㉗ $-\frac{1}{10}+\frac{7}{10}=+\left(\frac{7}{10}-\frac{1}{10}\right)=\frac{6}{10}=\frac{3}{5}$

㉘ $-\frac{9}{14}+\frac{3}{14}=-\left(\frac{9}{14}-\frac{3}{14}\right)=-\frac{6}{14}=-\frac{3}{7}$

㉙ $-1+\frac{1}{3}=-\left(1-\frac{1}{3}\right)=-\left(\frac{3}{3}-\frac{1}{3}\right)=-\frac{2}{3}$

㉚ $-\frac{2}{7}+3\frac{5}{7}=+\left(3\frac{5}{7}-\frac{2}{7}\right)=3\frac{3}{7}$

㉛ $-6\frac{11}{13}+\frac{9}{13}=-\left(6\frac{11}{13}-\frac{9}{13}\right)=-6\frac{2}{13}$

㉜ $-2\frac{3}{19}+2\frac{8}{19}=+\left(2\frac{8}{19}-2\frac{3}{19}\right)=\frac{5}{19}$

㉝ $-\frac{3}{4}+5=+\left(5-\frac{3}{4}\right)=\left(4\frac{4}{4}-\frac{3}{4}\right)=4\frac{1}{4}$

㉞ $-1\frac{1}{15}+\frac{2}{15}=-\left(1\frac{1}{15}-\frac{2}{15}\right)=-\left(\frac{16}{15}-\frac{2}{15}\right)=-\frac{14}{15}$

㉟ $-5\frac{7}{20}+3\frac{11}{20}=-\left(5\frac{7}{20}-3\frac{11}{20}\right)=-\left(4\frac{27}{20}-3\frac{11}{20}\right)$

$=-1\frac{16}{20}=-1\frac{4}{5}$

㊱ $-1\frac{9}{16}+8\frac{5}{16}=+\left(8\frac{5}{16}-1\frac{9}{16}\right)=+\left(7\frac{21}{16}-1\frac{9}{16}\right)$

$=6\frac{12}{16}=6\frac{3}{4}$

K-18

① -1	② 11	③ -4	④ -378	⑤ 7
⑥ -3	⑦ 4	⑧ 8	⑨ -223	⑩ -57
⑪ 3.4	⑫ -0.7	⑬ 3.3	⑭ 0.6	⑮ -8.7
⑯ 0.6	⑰ -6.1	⑱ 4.9	⑲ 6.6	⑳ -0.32
㉑ $-3\frac{1}{7}$	㉒ $7\frac{12}{13}$	㉓ $\frac{1}{2}$	㉔ $-4\frac{1}{2}$	㉕ $-2\frac{1}{2}$
㉖ $\frac{5}{6}$	㉗ $3\frac{1}{11}$	㉘ $-\frac{4}{7}$	㉙ $-\frac{9}{10}$	㉚ $-3\frac{1}{2}$
㉛ $2\frac{8}{9}$	㉜ $\frac{4}{11}$	㉝ $-4\frac{1}{3}$	㉞ $2\frac{4}{5}$	㉟ $-\frac{5}{17}$
㊱ $4\frac{2}{3}$				

〈풀이〉

① $-8+7=-(8-7)=-1$

② $-14+25=+(25-14)=11$

③ $-6+2=-(6-2)=-4$

④ $-526+148=-(526-148)=-378$

⑤ $-9+16=+(16-9)=7$

⑥ $-4+1=-(4-1)=-3$

⑦ $-48+52=+(52-48)=4$

⑧ $-1+9=+(9-1)=8$

⑨ $-357+134=-(357-134)=-223$

⑩ $-93+36=-(93-36)=-57$

⑪ $-4+7.4=+(7.4-4)=3.4$

⑫ $-1.3+0.6=-(1.3-0.6)=-0.7$

⑬ $-0.5+3.8=+(3.8-0.5)=3.3$

⑭ $-1.4+2=+(2-1.4)=0.6$

⑮ $-9+0.3=-(9-0.3)=-8.7$

⑯ $-0.3+0.9=+(0.9-0.3)=0.6$

⑰ $-7.9+1.8=-(7.9-1.8)=-6.1$

⑱ $-3.2+8.1=+(8.1-3.2)=4.9$

⑲ $-0.4+7=+(7-0.4)=6.6$

⑳ $-2.88+2.56=-(2.88-2.56)=-0.32$

㉑ $-5\frac{3}{7}+2\frac{2}{7}=-\left(5\frac{3}{7}-2\frac{2}{7}\right)=-3\frac{1}{7}$

㉒ $-\frac{2}{13}+8\frac{1}{13}=+\left(8\frac{1}{13}-\frac{2}{13}\right)=+\left(7\frac{14}{13}-\frac{2}{13}\right)=7\frac{12}{13}$

㉓ $-\frac{7}{16}+\frac{15}{16}=+\left(\frac{15}{16}-\frac{7}{16}\right)=\frac{8}{16}=\frac{1}{2}$

㉔ $-9\frac{1}{12}+4\frac{7}{12}=-\left(9\frac{1}{12}-4\frac{7}{12}\right)=-\left(8\frac{13}{12}-4\frac{7}{12}\right)$

$=-4\frac{6}{12}=-4\frac{1}{2}$

㉕ $-10+7\frac{1}{2}=-\left(10-7\frac{1}{2}\right)=-\left(9\frac{2}{2}-7\frac{1}{2}\right)=-2\frac{1}{2}$

㉖ $-\frac{1}{6}+1=+\left(1-\frac{1}{6}\right)=+\left(\frac{6}{6}-\frac{1}{6}\right)=\frac{5}{6}$

㉗ $-\frac{5}{22}+3\frac{7}{22}=+\left(3\frac{7}{22}-\frac{5}{22}\right)=3\frac{2}{22}=3\frac{1}{11}$

㉘ $-\frac{13}{14}+\frac{5}{14}=-\left(\frac{13}{14}-\frac{5}{14}\right)=-\frac{8}{14}=-\frac{4}{7}$

㉙ $-1\frac{9}{20}+\frac{11}{20}=-\left(1\frac{9}{20}-\frac{11}{20}\right)=-\left(\frac{29}{20}-\frac{11}{20}\right)$

$=-\frac{18}{20}=-\frac{9}{10}$

㉚ $-3\frac{7}{8}+\frac{3}{8}=-\left(3\frac{7}{8}-\frac{3}{8}\right)=-3\frac{4}{8}=-3\frac{1}{2}$

㉛ $-3\frac{5}{9}+6\frac{4}{9}=+\left(6\frac{4}{9}-3\frac{5}{9}\right)=+\left(5\frac{13}{9}-3\frac{5}{9}\right)=2\frac{8}{9}$

㉜ $-\frac{2}{11}+\frac{6}{11}=+\left(\frac{6}{11}-\frac{2}{11}\right)=\frac{4}{11}$

㉝ $-5+\frac{2}{3}=-\left(5-\frac{2}{3}\right)=-\left(4\frac{3}{3}-\frac{2}{3}\right)=-4\frac{1}{3}$

㉞ $-1\frac{1}{10}+3\frac{9}{10}=+\left(3\frac{9}{10}-1\frac{1}{10}\right)=2\frac{8}{10}=2\frac{4}{5}$

㉟ $-\frac{16}{17}+\frac{11}{17}=-\left(\frac{16}{17}-\frac{11}{17}\right)=-\frac{5}{17}$

㊱ $-\frac{11}{18}+5\frac{5}{18}=+\left(5\frac{5}{18}-\frac{11}{18}\right)=+\left(4\frac{23}{18}-\frac{11}{18}\right)$

$=4\frac{12}{18}=4\frac{2}{3}$

K - 19

① -10	② -6	③ -8	④ -16	⑤ -17
⑥ -95	⑦ -67	⑧ -65	⑨ -180	⑩ -300
⑪ -0.3	⑫ -0.6	⑬ -0.9	⑭ -0.5	⑮ -0.7
⑯ -7.9	⑰ -4.7	⑱ -9.9	⑲ -8.8	⑳ -5.9
㉑ $-\frac{5}{7}$	㉒ $-\frac{6}{11}$	㉓ $-\frac{8}{15}$	㉔ $-\frac{11}{13}$	㉕ $-\frac{3}{5}$
㉖ $-\frac{3}{7}$	㉗ $-\frac{1}{2}$	㉘ $-\frac{8}{9}$	㉙ $-3\frac{1}{4}$	㉚ $-7\frac{3}{8}$
㉛ $-1\frac{13}{17}$	㉜ $-7\frac{2}{9}$	㉝ $-1\frac{2}{9}$	㉞ $-5\frac{5}{11}$	㉟ -3
㊱ $-3\frac{2}{3}$				

〈풀이〉

① $-8-2=-(8+2)=-10$

② $-3-3=-(3+3)=-6$

③ $-7-1=-(7+1)=-8$

④ $-9-7=-(9+7)=-16$

⑤ $-12-5=-(12+5)=-17$

⑥ $-36-59=-(36+59)=-95$

⑦ $-43-24=-(43+24)=-67$

⑧ $-18-47=-(18+47)=-65$

⑨ $-50-130=-(50+130)=-180$

⑩ $-136-164=-(136+164)=-300$

⑪ $-0.1-0.2=-(0.1+0.2)=-0.3$

⑫ $-0.3-0.3=-(0.3+0.3)=-0.6$

⑬ $-0.4-0.5=-(0.4+0.5)=-0.9$

⑭ $-0.3-0.2=-(0.3+0.2)=-0.5$

⑮ $-0.4-0.3=-(0.4+0.3)=-0.7$

⑯ $-5.4-2.5=-(5.4+2.5)=-7.9$

⑰ $-1.4-3.3=-(1.4+3.3)=-4.7$

⑱ $-4.8-5.1=-(4.8+5.1)=-9.9$

⑲ $-7.5-1.3=-(7.5+1.3)=-8.8$

⑳ $-3.2-2.7=-(3.2+2.7)=-5.9$

㉑ $-\frac{1}{7}-\frac{4}{7}=-\left(\frac{1}{7}+\frac{4}{7}\right)=-\frac{5}{7}$

㉒ $-\frac{4}{11}-\frac{2}{11}=-\left(\frac{4}{11}+\frac{2}{11}\right)=-\frac{6}{11}$

㉓ $-\frac{4}{15}-\frac{4}{15}=-\left(\frac{4}{15}+\frac{4}{15}\right)=-\frac{8}{15}$

㉔ $-\frac{7}{13}-\frac{4}{13}=-\left(\frac{7}{13}+\frac{4}{13}\right)=-\frac{11}{13}$

㉕ $-\frac{3}{10}-\frac{3}{10}=-\left(\frac{3}{10}+\frac{3}{10}\right)=-\frac{6}{10}=-\frac{3}{5}$

㉖ $-\frac{1}{14}-\frac{5}{14}=-\left(\frac{1}{14}+\frac{5}{14}\right)=-\frac{6}{14}=-\frac{3}{7}$

㉗ $-\frac{3}{8}-\frac{1}{8}=-\left(\frac{3}{8}+\frac{1}{8}\right)=-\frac{4}{8}=-\frac{1}{2}$

㉘ $-\frac{5}{18}-\frac{11}{18}=-\left(\frac{5}{18}+\frac{11}{18}\right)=-\frac{16}{18}=-\frac{8}{9}$

㉙ $-3-\frac{1}{4}=-\left(3+\frac{1}{4}\right)=-3\frac{1}{4}$

㉚ $-2\frac{3}{8}-5=-\left(2\frac{3}{8}+5\right)=-7\frac{3}{8}$

㉛ $-\frac{4}{17}-1\frac{9}{17}=-\left(\frac{4}{17}+1\frac{9}{17}\right)=-1\frac{13}{17}$

㉜ $-3\frac{1}{9}-4\frac{1}{9}=-\left(3\frac{1}{9}+4\frac{1}{9}\right)=-7\frac{2}{9}$

㉝ $-\frac{7}{9}-\frac{4}{9}=-\left(\frac{7}{9}+\frac{4}{9}\right)=-\frac{11}{9}=-1\frac{2}{9}$

㉞ $-5\frac{2}{11}-\frac{3}{11}=-\left(5\frac{2}{11}+\frac{3}{11}\right)=-5\frac{5}{11}$

㉟ $-\frac{3}{5}-2\frac{2}{5}=-\left(\frac{3}{5}+2\frac{2}{5}\right)=-2\frac{5}{5}=-3$

㊱ $-1\frac{8}{9}-1\frac{7}{9}=-\left(1\frac{8}{9}+1\frac{7}{9}\right)=-2\frac{15}{9}=-2\frac{5}{3}=-3\frac{2}{3}$

K－20

① -9	② -57	③ -12	④ -200	⑤ -16
⑥ -76	⑦ -20	⑧ -7	⑨ -100	⑩ -412
⑪ -1	⑫ -9.2	⑬ -8.5	⑭ -4.5	⑮ -2.9
⑯ -6.5	⑰ -3.8	⑱ -5.9	⑲ -5	⑳ -3.59
㉑ $-\frac{1}{2}$	㉒ $-3\frac{1}{7}$	㉓ $-8\frac{5}{6}$	㉔ $-4\frac{1}{2}$	㉕ -1
㉖ $-1\frac{1}{3}$	㉗ $-8\frac{2}{11}$	㉘ $-4\frac{6}{7}$	㉙ $-6\frac{3}{4}$	㉚ $-9\frac{2}{5}$
㉛ $-1\frac{5}{9}$	㉜ $-6\frac{2}{3}$	㉝ $-7\frac{3}{4}$	㉞ $-5\frac{3}{5}$	㉟ $-\frac{13}{19}$
㊱ $-9\frac{2}{3}$				

〈풀이〉

① $-5-4=-(5+4)=-9$

② $-21-36=-(21+36)=-57$

③ $-9-3=-(9+3)=-12$

④ $-160-40=-(160+40)=-200$

⑤ $-8-8=-(8+8)=-16$

⑥ $-49-27=-(49+27)=-76$

⑦ $-7-13=-(7+13)=-20$

⑧ $-1-6=-(1+6)=-7$

⑨ $-75-25=-(75+25)=-100$

⑩ $-278-134=-(278+134)=-412$

⑪ $-0.4-0.6=-(0.4+0.6)=-1.\not{0}$

⑫ $-6-3.2=-(6+3.2)=-9.2$

⑬ $-2.8-5.7=-(2.8+5.7)=-8.5$

⑭ $-0.3-4.2=-(0.3+4.2)=-4.5$

⑮ $-1.4-1.5=-(1.4+1.5)=-2.9$

⑯ $-2.5-4=-(2.5+4)=-6.5$

⑰ $-3-0.8=-(3+0.8)=-3.8$

⑱ $-0.9-5=-(0.9+5)=-5.9$

⑲ $-4.7-0.3=-(4.7+0.3)=-5.\not{0}$

⑳ $-0.57-3.02=-(0.57+3.02)=-3.59$

㉑ $-\frac{1}{4}-\frac{1}{4}=-\left(\frac{1}{4}+\frac{1}{4}\right)=-\frac{2}{4}=-\frac{1}{2}$

㉒ $-\frac{6}{7}-2\frac{2}{7}=-\left(\frac{6}{7}+2\frac{2}{7}\right)=-2\frac{8}{7}=-3\frac{1}{7}$

㉓ $-\frac{5}{6}-8=-\left(\frac{5}{6}+8\right)=-8\frac{5}{6}$

㉔ $-\frac{7}{12}-3\frac{11}{12}=-\left(\frac{7}{12}+3\frac{11}{12}\right)=-3\frac{18}{12}=-3\frac{3}{2}=-4\frac{1}{2}$

㉕ $-\frac{3}{8}-\frac{5}{8}=-\left(\frac{3}{8}+\frac{5}{8}\right)=-\frac{8}{8}=-1$

㉖ $-\frac{13}{18}-\frac{11}{18}=-\left(\frac{13}{18}+\frac{11}{18}\right)=-\frac{24}{18}=-\frac{4}{3}=-1\frac{1}{3}$

㉗ $-1\frac{9}{11}-6\frac{4}{11}=-\left(1\frac{9}{11}+6\frac{4}{11}\right)=-7\frac{13}{11}=-8\frac{2}{11}$

㉘ $-2\frac{3}{14}-2\frac{9}{14}=-\left(2\frac{3}{14}+2\frac{9}{14}\right)=-4\frac{12}{14}=-4\frac{6}{7}$

㉙ $-\frac{7}{8}-5\frac{7}{8}=-\left(\frac{7}{8}+5\frac{7}{8}\right)=-5\frac{14}{8}=-5\frac{7}{4}=-6\frac{3}{4}$

㉚ $-9-\frac{2}{5}=-\left(9+\frac{2}{5}\right)=-9\frac{2}{5}$

㉛ $-\frac{7}{9}-\frac{7}{9}=-\left(\frac{7}{9}+\frac{7}{9}\right)=-\frac{14}{9}=-1\frac{5}{9}$

㉜ $-6\frac{8}{15}-\frac{2}{15}=-\left(6\frac{8}{15}+\frac{2}{15}\right)=-6\frac{10}{15}=-6\frac{2}{3}$

㉝ $-4-3\frac{3}{4}=-\left(4+3\frac{3}{4}\right)=-7\frac{3}{4}$

㉞ $-3\frac{9}{10}-1\frac{7}{10}=-\left(3\frac{9}{10}+1\frac{7}{10}\right)=-4\frac{16}{10}$

$=-4\frac{8}{5}=-5\frac{3}{5}$

㉟ $-\frac{3}{19}-\frac{10}{19}=-\left(\frac{3}{19}+\frac{10}{19}\right)=-\frac{13}{19}$

㊱ $-5\frac{2}{3}-4=-\left(5\frac{2}{3}+4\right)=-9\frac{2}{3}$

K－21

① 8	② -2	③ 2	④ -8	⑤ 10
⑥ 4	⑦ -4	⑧ -10	⑨ 14	⑩ -2
⑪ 2	⑫ -14	⑬ 19	⑭ 11	⑮ -11
⑯ -19	⑰ 26	⑱ -8	⑲ 8	⑳ -26

㉑ $\frac{6}{7}$ ㉒ $-\frac{2}{7}$ ㉓ $\frac{2}{7}$ ㉔ $-\frac{6}{7}$ ㉕ $\frac{7}{11}$
㉖ $\frac{1}{11}$ ㉗ $-\frac{1}{11}$ ㉘ $-\frac{7}{11}$ ㉙ $\frac{12}{13}$ ㉚ $\frac{2}{13}$
㉛ $-\frac{2}{13}$ ㉜ $-\frac{12}{13}$ ㉝ $\frac{14}{17}$ ㉞ $-\frac{2}{17}$ ㉟ $\frac{2}{17}$
㊱ $-\frac{14}{17}$

〈풀이〉

① 3+5=8
② 3−5=−(5−3)=−2
③ −3+5=+(5−3)=2
④ −3−5=−(3+5)=−8
⑤ 7+3=10
⑥ 7−3=4
⑦ −7+3=−(7−3)=−4
⑧ −7−3=−(7+3)=−10
⑨ 6+8=14
⑩ 6−8=−(8−6)=−2
⑪ −6+8=+(8−6)=2
⑫ −6−8=−(6+8)=−14
⑬ 15+4=19
⑭ 15−4=11
⑮ −15+4=−(15−4)=−11
⑯ −15−4=−(15+4)=−19
⑰ 9+17=26
⑱ 9−17=−(17−9)=−8
⑲ −9+17=+(17−9)=8
⑳ −9−17=−(9+17)=−26
㉑ $\frac{2}{7}+\frac{4}{7}=\frac{6}{7}$
㉒ $\frac{2}{7}-\frac{4}{7}=-\left(\frac{4}{7}-\frac{2}{7}\right)=-\frac{2}{7}$
㉓ $-\frac{2}{7}+\frac{4}{7}=+\left(\frac{4}{7}-\frac{2}{7}\right)=\frac{2}{7}$
㉔ $-\frac{2}{7}-\frac{4}{7}=-\left(\frac{2}{7}+\frac{4}{7}\right)=-\frac{6}{7}$
㉕ $\frac{4}{11}+\frac{3}{11}=\frac{7}{11}$
㉖ $\frac{4}{11}-\frac{3}{11}=\frac{1}{11}$
㉗ $-\frac{4}{11}+\frac{3}{11}=-\left(\frac{4}{11}-\frac{3}{11}\right)=-\frac{1}{11}$
㉘ $-\frac{4}{11}-\frac{3}{11}=-\left(\frac{4}{11}+\frac{3}{11}\right)=-\frac{7}{11}$
㉙ $\frac{7}{13}+\frac{5}{13}=\frac{12}{13}$
㉚ $\frac{7}{13}-\frac{5}{13}=\frac{2}{13}$
㉛ $-\frac{7}{13}+\frac{5}{13}=-\left(\frac{7}{13}-\frac{5}{13}\right)=-\frac{2}{13}$
㉜ $-\frac{7}{13}-\frac{5}{13}=-\left(\frac{7}{13}+\frac{5}{13}\right)=-\frac{12}{13}$
㉝ $\frac{6}{17}+\frac{8}{17}=\frac{14}{17}$
㉞ $\frac{6}{17}-\frac{8}{17}=-\left(\frac{8}{17}-\frac{6}{17}\right)=-\frac{2}{17}$
㉟ $-\frac{6}{17}+\frac{8}{17}=+\left(\frac{8}{17}-\frac{6}{17}\right)=\frac{2}{17}$
㊱ $-\frac{6}{17}-\frac{8}{17}=-\left(\frac{6}{17}+\frac{8}{17}\right)=-\frac{14}{17}$

K - 22

① −13 ② −75 ③ 13 ④ −75 ⑤ 88
⑥ −42 ⑦ −42 ⑧ −88 ⑨ −38 ⑩ −76
⑪ 76 ⑫ −38 ⑬ 130 ⑭ 12 ⑮ 12
⑯ −130 ⑰ 0.2 ⑱ −1.4 ⑲ 1.4 ⑳ 0.2
㉑ $\frac{5}{13}$ ㉒ $-1\frac{2}{13}$ ㉓ $-\frac{5}{13}$ ㉔ $-1\frac{2}{13}$ ㉕ $\frac{6}{7}$
㉖ $\frac{1}{7}$ ㉗ $\frac{1}{7}$ ㉘ $-\frac{6}{7}$ ㉙ $-2\frac{1}{6}$ ㉚ $-3\frac{5}{6}$
㉛ $3\frac{5}{6}$ ㉜ $-2\frac{1}{6}$ ㉝ $7\frac{5}{8}$ ㉞ $3\frac{1}{4}$ ㉟ $3\frac{1}{4}$
㊱ $-7\frac{5}{8}$

〈풀이〉

① −44+31=−(44−31)=−13
② −44−31=−(44+31)=−75
③ −31+44=+(44−31)=13
④ −31−44=−(31+44)=−75
⑤ 23+65=88
⑥ 23−65=−(65−23)=−42
⑦ −65+23=−(65−23)=−42
⑧ −65−23=−(65+23)=−88
⑨ −57+19=−(57−19)=−38
⑩ −57−19=−(57+19)=−76
⑪ 19+57=76
⑫ 19−57=−(57−19)=−38
⑬ 59+71=130
⑭ −59+71=+(71−59)=12
⑮ 71−59=12
⑯ −71−59=−(71+59)=−130
⑰ 0.8−0.6=0.2
⑱ −0.8−0.6=−(0.8+0.6)=−1.4
⑲ 0.6+0.8=1.4

⑳ $-0.6+0.8=+(0.8-0.6)=0.2$

㉑ $-\frac{5}{13}+\frac{10}{13}=+\left(\frac{10}{13}-\frac{5}{13}\right)=\frac{5}{13}$

㉒ $-\frac{5}{13}-\frac{10}{13}=-\left(\frac{5}{13}+\frac{10}{13}\right)=-\frac{15}{13}=-1\frac{2}{13}$

㉓ $-\frac{10}{13}+\frac{5}{13}=-\left(\frac{10}{13}-\frac{5}{13}\right)=-\frac{5}{13}$

㉔ $-\frac{10}{13}-\frac{5}{13}=-\left(\frac{10}{13}+\frac{5}{13}\right)=-\frac{15}{13}=-1\frac{2}{13}$

㉕ $\frac{7}{14}+\frac{5}{14}=\frac{12}{14}=\frac{6}{7}$

㉖ $\frac{7}{14}-\frac{5}{14}=\frac{2}{14}=\frac{1}{7}$

㉗ $-\frac{5}{14}+\frac{7}{14}=+\left(\frac{7}{14}-\frac{5}{14}\right)=\frac{2}{14}=\frac{1}{7}$

㉘ $-\frac{5}{14}-\frac{7}{14}=-\left(\frac{5}{14}+\frac{7}{14}\right)=-\frac{12}{14}=-\frac{6}{7}$

㉙ $-3+\frac{5}{6}=-\left(3-\frac{5}{6}\right)=-\left(2\frac{6}{6}-\frac{5}{6}\right)=-2\frac{1}{6}$

㉚ $-3-\frac{5}{6}=-\left(3+\frac{5}{6}\right)=-3\frac{5}{6}$

㉛ $\frac{5}{6}+3=3\frac{5}{6}$

㉜ $\frac{5}{6}-3=\ \left(3-\frac{5}{6}\right)=-\left(2\frac{6}{6}-\frac{5}{6}\right)=-2\frac{1}{6}$

㉝ $2\frac{3}{16}+5\frac{7}{16}=7\frac{10}{16}=7\frac{5}{8}$

㉞ $-2\frac{3}{16}+5\frac{7}{16}=+\left(5\frac{7}{16}-2\frac{3}{16}\right)=3\frac{4}{16}=3\frac{1}{4}$

㉟ $5\frac{7}{16}-2\frac{3}{16}=3\frac{4}{16}=3\frac{1}{4}$

㊱ $-5\frac{7}{16}-2\frac{3}{16}=-\left(5\frac{7}{16}+2\frac{3}{16}\right)=-7\frac{10}{16}=-7\frac{5}{8}$

K - 23

① 5	② 5	③ −4	④ −4	⑤ −16
⑥ −16	⑦ −42	⑧ −42	⑨ 15	⑩ 15
⑪ −39	⑫ −39	⑬ 2.2	⑭ 2.2	⑮ −1.4
⑯ −1.4	⑰ −5.9	⑱ −5.9	⑲ −0.43	⑳ −0.43
㉑ $-\frac{1}{5}$	㉒ $-\frac{1}{5}$	㉓ $\frac{2}{7}$	㉔ $\frac{2}{7}$	㉕ $-\frac{3}{11}$
㉖ $-\frac{3}{11}$	㉗ $3\frac{2}{13}$	㉘ $3\frac{2}{13}$	㉙ $-2\frac{4}{15}$	㉚ $-2\frac{4}{15}$
㉛ $-8\frac{9}{17}$	㉜ $-8\frac{9}{17}$	㉝ $-4\frac{5}{9}$	㉞ $-4\frac{5}{9}$	㉟ $\frac{7}{10}$
㊱ $\frac{7}{10}$				

〈풀이〉

① $7-2=5$

② $-2+7=+(7-2)=5$

③ $-9+5=-(9-5)=-4$

④ $5-9=-(9-5)=-4$

⑤ $-6-10=-(6+10)=-16$

⑥ $-10-6=-(10+6)=-16$

⑦ $14-56=-(56-14)=-42$

⑧ $-56+14=-(56-14)=-42$

⑨ $-32+47=+(47-32)=15$

⑩ $47-32=15$

⑪ $-25-14=-(25+14)=-39$

⑫ $-14-25=-(14+25)=-39$

⑬ $7.8-5.6=2.2$

⑭ $-5.6+7.8=+(7.8-5.6)=2.2$

⑮ $-6.7+5.3=-(6.7-5.3)=-1.4$

⑯ $5.3-6.7=-(6.7-5.3)=-1.4$

⑰ $-2.5-3.4=-(2.5+3.4)=-5.9$

⑱ $-3.4-2.5=-(3.4+2.5)=-5.9$

⑲ $0.26-0.69=-(0.69-0.26)=-0.43$

⑳ $-0.69+0.26=-(0.69-0.26)=-0.43$

㉑ $\frac{2}{5}-\frac{3}{5}=-\left(\frac{3}{5}-\frac{2}{5}\right)=-\frac{1}{5}$

㉒ $-\frac{3}{5}+\frac{2}{5}=-\left(\frac{3}{5}-\frac{2}{5}\right)=-\frac{1}{5}$

㉓ $-\frac{3}{7}+\frac{5}{7}=+\left(\frac{5}{7}-\frac{3}{7}\right)=\frac{2}{7}$

㉔ $\frac{5}{7}-\frac{3}{7}=\frac{2}{7}$

㉕ $-\frac{1}{11}-\frac{2}{11}=-\left(\frac{1}{11}+\frac{2}{11}\right)=-\frac{3}{11}$

㉖ $-\frac{2}{11}-\frac{1}{11}=-\left(\frac{2}{11}+\frac{1}{11}\right)=-\frac{3}{11}$

㉗ $4\frac{5}{13}-1\frac{3}{13}=3\frac{2}{13}$

㉘ $-1\frac{3}{13}+4\frac{5}{13}=+\left(4\frac{5}{13}-1\frac{3}{13}\right)=3\frac{2}{13}$

㉙ $-5\frac{11}{15}+3\frac{7}{15}=-\left(5\frac{11}{15}-3\frac{7}{15}\right)=-2\frac{4}{15}$

㉚ $3\frac{7}{15}-5\frac{11}{15}=-\left(5\frac{11}{15}-3\frac{7}{15}\right)=-2\frac{4}{15}$

㉛ $-2\frac{5}{17}-6\frac{4}{17}=-\left(2\frac{5}{17}+6\frac{4}{17}\right)=-8\frac{9}{17}$

㉜ $-6\frac{4}{17}-2\frac{5}{17}=-\left(6\frac{4}{17}+2\frac{5}{17}\right)=-8\frac{9}{17}$

㉝ $\frac{4}{9}-5=-\left(5-\frac{4}{9}\right)=-\left(4\frac{9}{9}-\frac{4}{9}\right)=-4\frac{5}{9}$

㉞ $-5+\frac{4}{9}=-\left(5-\frac{4}{9}\right)=-\left(4\frac{9}{9}-\frac{4}{9}\right)=-4\frac{5}{9}$

㉟ $-3\frac{3}{10}+4=+\left(4-3\frac{3}{10}\right)=+\left(3\frac{10}{10}-3\frac{3}{10}\right)=\frac{7}{10}$

㊱ $4-3\frac{3}{10}=3\frac{10}{10}-3\frac{3}{10}=\frac{7}{10}$

K - 24

① 6	② −4	③ −4	④ 6	⑤ −8
⑥ 13	⑦ −7	⑧ 2	⑨ −12	⑩ 5
⑪ −10	⑫ −3	⑬ 9	⑭ 5	⑮ 3
⑯ −11	⑰ −7	⑱ 15	⑲ 0	⑳ 6
㉑ −6	㉒ 20	㉓ 17	㉔ −23	㉕ 14
㉖ −28	㉗ 85	㉘ −67	㉙ −56	㉚ 21
㉛ −61	㉜ 35	㉝ −28	㉞ −3	㉟ 89
㊱ −133	㊲ 429	㊳ −341	㊴ 270	㊵ −547

〈풀이〉

① $4+2=6$
② $6-10=-(10-6)=-4$
③ $-2-2=-(2+2)=-4$
④ $-1+7=+(7-1)=6$
⑤ $0-8=-(8-0)=-8$
⑥ $4+9=13$
⑦ $-9+2=-(9-2)=-7$
⑧ $8-6=2$
⑨ $-3-9=-(3+9)=-12$
⑩ $-5+10=+(10-5)=5$
⑪ $-8-2=-(8+2)=-10$
⑫ $-4+1=-(4-1)=-3$
⑬ $5+4=9$
⑭ $7-2=5$
⑮ $-3+6=+(6-3)=3$
⑯ $-6-5=-(6+5)=-11$
⑰ $2-9=-(9-2)=-7$
⑱ $8+7=15$
⑲ $-5+5=0$
⑳ $10-4=6$
㉑ $9-15=-(15-9)=-6$
㉒ $13+7=20$
㉓ $-2+19=+(19-2)=17$
㉔ $-15-8=-(15+8)=-23$
㉕ $16-2=14$
㉖ $-32+4=-(32-4)=-28$
㉗ $3+82=85$
㉘ $7-74=-(74-7)=-67$
㉙ $-54-2=-(54+2)=-56$
㉚ $-4+25=+(25-4)=21$
㉛ $-23-38=-(23+38)=-61$
㉜ $55-20=35$
㉝ $-42+14=-(42-14)=-28$
㉞ $38-41=-(41-38)=-3$
㉟ $75+14=89$
㊱ $-127-6=-(127+6)=-133$
㊲ $-20+449=+(449-20)=429$
㊳ $4-345=-(345-4)=-341$
㊴ $236+34=270$
㊵ $-706+159=-(706-159)=-547$

K - 25

① 0.5	② −0.1	③ 0.7	④ −0.6	⑤ 0.2
⑥ 0.8	⑦ −0.3	⑧ −0.9	⑨ 0	⑩ −0.3
⑪ −0.4	⑫ −0.2	⑬ 0.9	⑭ −0.2	⑮ 0.2
⑯ −0.8	⑰ −0.1	⑱ 0.7	⑲ 0.4	⑳ 0.5
㉑ 1.2	㉒ −2.1	㉓ 1.6	㉔ 2	㉕ −0.7
㉖ 5.2	㉗ −6.6	㉘ −1.7	㉙ 9.3	㉚ −5.9
㉛ −8.3	㉜ 5.8	㉝ −2.7	㉞ 2.6	㉟ −3.19
㊱ −1.24	㊲ 3.48	㊳ 2.22	㊴ 0.33	㊵ −4.88

〈풀이〉

① $0.4+0.1=0.5$
② $-0.3+0.2=-(0.3-0.2)=-0.1$
③ $0.8-0.1=0.7$
④ $-0.2-0.4=-(0.2+0.4)=-0.6$
⑤ $-0.3+0.5=+(0.5-0.3)=0.2$
⑥ $0.2+0.6=0.8$
⑦ $0.1-0.4=-(0.4-0.1)=-0.3$
⑧ $-0.3-0.6=-(0.3+0.6)=-0.9$
⑨ $-0.1+0.1=0$
⑩ $0.2-0.5=-(0.5-0.2)=-0.3$
⑪ $-0.2-0.2=-(0.2+0.2)=-0.4$
⑫ $0.1-0.3=-(0.3-0.1)=-0.2$
⑬ $0.5+0.4=0.9$
⑭ $-0.4+0.2=-(0.4-0.2)=-0.2$
⑮ $0.5-0.3=0.2$
⑯ $-0.1-0.7=-(0.1+0.7)=-0.8$
⑰ $-0.4+0.3=-(0.4-0.3)=-0.1$
⑱ $0.3+0.4=0.7$
⑲ $0.5-0.1=0.4$
⑳ $-0.2+0.7=+(0.7-0.2)=0.5$
㉑ $1.9-0.7=1.2$
㉒ $-0.6-1.5=-(0.6+1.5)=-2.1$
㉓ $-0.2+1.8=+(1.8-0.2)=1.6$
㉔ $1.1+0.9=2.\not{0}$

㉕ $0.6-1.3=-(1.3-0.6)=-0.7$
㉖ $-1.7+6.9=+(6.9-1.7)=5.2$
㉗ $-4.3-2.3=-(4.3+2.3)=-6.6$
㉘ $3.9-5.6=-(5.6-3.9)=-1.7$
㉙ $6.9+2.4=9.3$
㉚ $-7.8+1.9=-(7.8-1.9)=-5.9$
㉛ $0.7-9=-(9-0.7)=-8.3$
㉜ $5+0.8=5.8$
㉝ $-5+2.3=-(5-2.3)=-2.7$
㉞ $5.6-3=2.6$
㉟ $0.21-3.4=-(3.4-0.21)=-3.19$
㊱ $-1.35+0.11=-(1.35-0.11)=-1.24$
㊲ $0.8+2.68=3.48$
㊳ $2.7-0.48=2.22$
㊴ $-0.12+0.45=+(0.45-0.12)=0.33$
㊵ $-1.29-3.59=-(1.29+3.59)=-4.88$

K - 26

① $-\frac{2}{5}$	② $\frac{9}{19}$	③ $\frac{6}{13}$	④ $-\frac{5}{7}$	⑤ $\frac{3}{11}$
⑥ $\frac{5}{9}$	⑦ $-\frac{1}{5}$	⑧ $-\frac{1}{7}$	⑨ $-\frac{1}{3}$	⑩ $-\frac{5}{11}$
⑪ $\frac{7}{9}$	⑫ $\frac{13}{21}$	⑬ $-\frac{2}{7}$	⑭ $-\frac{4}{13}$	⑮ $-\frac{8}{17}$
⑯ $\frac{2}{11}$	⑰ $\frac{1}{3}$	⑱ $-\frac{5}{6}$	⑲ $\frac{1}{2}$	⑳ $-\frac{1}{3}$
㉑ $\frac{3}{4}$	㉒ $\frac{1}{3}$	㉓ $-\frac{2}{5}$	㉔ $-1\frac{1}{7}$	㉕ $2\frac{1}{4}$
㉖ $-7\frac{3}{5}$	㉗ $3\frac{1}{2}$	㉘ $-3\frac{2}{9}$	㉙ $-2\frac{2}{11}$	㉚ $2\frac{4}{5}$
㉛ $-\frac{1}{2}$	㉜ $-4\frac{7}{10}$			

〈풀이〉

① $\frac{1}{5}-\frac{3}{5}=-\left(\frac{3}{5}-\frac{1}{5}\right)=-\frac{2}{5}$

② $\frac{7}{19}+\frac{2}{19}=\frac{9}{19}$

③ $-\frac{5}{13}+\frac{11}{13}=+\left(\frac{11}{13}-\frac{5}{13}\right)=\frac{6}{13}$

④ $-\frac{4}{7}-\frac{1}{7}=-\left(\frac{4}{7}+\frac{1}{7}\right)=-\frac{5}{7}$

⑤ $\frac{10}{11}-\frac{7}{11}=\frac{3}{11}$

⑥ $\frac{1}{9}+\frac{4}{9}=\frac{5}{9}$

⑦ $-\frac{3}{5}+\frac{2}{5}=-\left(\frac{3}{5}-\frac{2}{5}\right)=-\frac{1}{5}$

⑧ $\frac{5}{7}-\frac{6}{7}=-\left(\frac{6}{7}-\frac{5}{7}\right)=-\frac{1}{7}$

⑨ $-\frac{2}{3}+\frac{1}{3}=-\left(\frac{2}{3}-\frac{1}{3}\right)=-\frac{1}{3}$

⑩ $-\frac{1}{11}-\frac{4}{11}=-\left(\frac{1}{11}+\frac{4}{11}\right)=-\frac{5}{11}$

⑪ $\frac{8}{9}-\frac{1}{9}=\frac{7}{9}$

⑫ $\frac{3}{21}+\frac{10}{21}=\frac{13}{21}$

⑬ $-\frac{6}{7}+\frac{4}{7}=-\left(\frac{6}{7}-\frac{4}{7}\right)=-\frac{2}{7}$

⑭ $\frac{4}{13}-\frac{8}{13}=-\left(\frac{8}{13}-\frac{4}{13}\right)=-\frac{4}{13}$

⑮ $-\frac{3}{17}-\frac{5}{17}=-\left(\frac{3}{17}+\frac{5}{17}\right)=-\frac{8}{17}$

⑯ $-\frac{6}{11}+\frac{8}{11}=+\left(\frac{8}{11}-\frac{6}{11}\right)=\frac{2}{11}$

⑰ $\frac{1}{6}+\frac{1}{6}=\frac{2}{6}=\frac{1}{3}$

⑱ $-\frac{11}{12}+\frac{1}{12}=-\left(\frac{11}{12}-\frac{1}{12}\right)=-\frac{10}{12}=-\frac{5}{6}$

⑲ $\frac{5}{8}-\frac{1}{8}=\frac{4}{8}=\frac{1}{2}$

⑳ $-\frac{1}{9}-\frac{2}{9}=-\left(\frac{1}{9}+\frac{2}{9}\right)=-\frac{3}{9}=-\frac{1}{3}$

㉑ $\frac{7}{16}+\frac{5}{16}=\frac{12}{16}=\frac{3}{4}$

㉒ $-\frac{5}{9}+\frac{8}{9}=+\left(\frac{8}{9}-\frac{5}{9}\right)=\frac{3}{9}=\frac{1}{3}$

㉓ $-\frac{4}{15}-\frac{2}{15}=-\left(\frac{4}{15}+\frac{2}{15}\right)=-\frac{6}{15}=-\frac{2}{5}$

㉔ $-\frac{5}{14}-\frac{11}{14}=-\left(\frac{5}{14}+\frac{11}{14}\right)=-\frac{16}{14}=-\frac{8}{7}=-1\frac{1}{7}$

㉕ $-\frac{3}{4}+3=+\left(3-\frac{3}{4}\right)=+\left(2\frac{4}{4}-\frac{3}{4}\right)=2\frac{1}{4}$

㉖ $-7-\frac{3}{5}=-\left(7+\frac{3}{5}\right)=-7\frac{3}{5}$

㉗ $1\frac{1}{2}+2=3\frac{1}{2}$

㉘ $5\frac{7}{9}-9=-\left(9-5\frac{7}{9}\right)=-\left(8\frac{9}{9}-5\frac{7}{9}\right)=-3\frac{2}{9}$

㉙ $-\frac{7}{11}-1\frac{6}{11}=-\left(\frac{7}{11}+1\frac{6}{11}\right)=-1\frac{13}{11}=-2\frac{2}{11}$

㉚ $3\frac{7}{10}-\frac{9}{10}=2\frac{17}{10}-\frac{9}{10}=2\frac{8}{10}=2\frac{4}{5}$

㉛ $5\frac{5}{8}-6\frac{1}{8}=-\left(6\frac{1}{8}-5\frac{5}{8}\right)=-\left(5\frac{9}{8}-5\frac{5}{8}\right)=-\frac{4}{8}=-\frac{1}{2}$

㉜ $-9\frac{7}{20}+4\frac{13}{20}=-\left(9\frac{7}{20}-4\frac{13}{20}\right)=-\left(8\frac{27}{20}-4\frac{13}{20}\right)$
$=-4\frac{14}{20}=-4\frac{7}{10}$

K - 27

① 262	② 6	③ −59	④ −18	⑤ −8
⑥ 49	⑦ −28	⑧ −11	⑨ 17	⑩ −293
⑪ 3.8	⑫ 0	⑬ 0.4	⑭ 6.13	⑮ −3.1
⑯ 0.4	⑰ −1.8	⑱ 1.4	⑲ −5.9	⑳ 2.41
㉑ $\frac{4}{11}$	㉒ $1\frac{1}{3}$	㉓ $6\frac{1}{3}$	㉔ $-5\frac{5}{8}$	㉕ $-5\frac{4}{11}$
㉖ $-\frac{1}{5}$	㉗ $4\frac{2}{5}$	㉘ $2\frac{1}{4}$	㉙ $-6\frac{3}{4}$	㉚ $-2\frac{5}{8}$
㉛ $-\frac{4}{5}$	㉜ $9\frac{3}{8}$	㉝ $\frac{6}{11}$	㉞ $4\frac{1}{5}$	㉟ $-7\frac{4}{7}$
㊱ $-\frac{5}{6}$				

〈풀이〉

① 242+20=262
② 8−2=6
③ −15−44=−(15+44)=−59
④ 54−72=−(72−54)=−18
⑤ −13+5=−(13−5)=−8
⑥ 42+7=49
⑦ 3−31=−(31−3)=−28
⑧ −4−7=−(4+7)=−11
⑨ −30+47=+(47−30)=17
⑩ 123−416=−(416−123)=−293
⑪ 4−0.2=3.8
⑫ −0.9+0.9=0
⑬ 2.5−2.1=0.4
⑭ 4.89+1.24=6.13
⑮ −2.5−0.6=−(2.5+0.6)=−3.1
⑯ 0.8−0.4=0.4
⑰ −6.8+5=−(6.8−5)=−1.8
⑱ 0.5+0.9=1.4
⑲ −3.2−2.7=−(3.2+2.7)=−5.9
⑳ −0.13+2.54=+(2.54−0.13)=2.41
㉑ $-4\frac{6}{11}+4\frac{10}{11}=+\left(4\frac{10}{11}-4\frac{6}{11}\right)=\frac{4}{11}$
㉒ $\frac{2}{3}+\frac{2}{3}=\frac{4}{3}=1\frac{1}{3}$
㉓ $7-\frac{2}{3}=6\frac{3}{3}-\frac{2}{3}=6\frac{1}{3}$
㉔ $-1\frac{5}{8}-4=-\left(1\frac{5}{8}+4\right)=-5\frac{5}{8}$
㉕ $\frac{9}{11}-6\frac{2}{11}=-\left(6\frac{2}{11}-\frac{9}{11}\right)=-\left(5\frac{13}{11}-\frac{9}{11}\right)=-5\frac{4}{11}$
㉖ $-\frac{4}{5}+\frac{3}{5}=-\left(\frac{4}{5}-\frac{3}{5}\right)=-\frac{1}{5}$
㉗ $-\frac{3}{5}+5=+\left(5-\frac{3}{5}\right)=+\left(4\frac{5}{5}-\frac{3}{5}\right)=4\frac{2}{5}$
㉘ $5\frac{7}{8}-3\frac{5}{8}=2\frac{2}{8}=2\frac{1}{4}$
㉙ $-\frac{3}{4}-6=-\left(\frac{3}{4}+6\right)=-6\frac{3}{4}$
㉚ $-1\frac{3}{16}-1\frac{7}{16}=-\left(1\frac{3}{16}+1\frac{7}{16}\right)=-2\frac{10}{16}=-2\frac{5}{8}$
㉛ $-\frac{7}{10}-\frac{1}{10}=-\left(\frac{7}{10}+\frac{1}{10}\right)=-\frac{8}{10}=-\frac{4}{5}$
㉜ $\frac{3}{8}+9=9\frac{3}{8}$
㉝ $\frac{8}{11}-\frac{2}{11}=\frac{6}{11}$
㉞ $2\frac{4}{5}+1\frac{2}{5}=3\frac{6}{5}=4\frac{1}{5}$
㉟ $1\frac{3}{7}-9=-\left(9-1\frac{3}{7}\right)=-\left(8\frac{7}{7}-1\frac{3}{7}\right)=-7\frac{4}{7}$
㊱ $-6\frac{5}{6}+6=-\left(6\frac{5}{6}-6\right)=-\frac{5}{6}$

K - 28

① −4	② 27	③ −95	④ 15	⑤ 44
⑥ −31	⑦ 608	⑧ 3	⑨ −600	⑩ 59
⑪ −0.8	⑫ −1.5	⑬ 0.4	⑭ 6.1	⑮ −3.42
⑯ −0.2	⑰ −15.03	⑱ −5.2	⑲ 5.7	⑳ −7.8
㉑ $-\frac{1}{2}$	㉒ $-3\frac{1}{2}$	㉓ $1\frac{1}{6}$	㉔ $1\frac{2}{5}$	㉕ $-1\frac{5}{17}$
㉖ $\frac{2}{3}$	㉗ $-3\frac{2}{7}$	㉘ $5\frac{1}{3}$	㉙ $-8\frac{2}{7}$	㉚ $\frac{1}{2}$
㉛ $-\frac{3}{10}$	㉜ $-5\frac{1}{13}$	㉝ $3\frac{2}{7}$	㉞ $-1\frac{1}{3}$	㉟ $\frac{2}{3}$
㊱ −8				

〈풀이〉

① −9+5=−(9−5)=−4
② 70−43=27
③ −66−29=−(66+29)=−95
④ 8+7=15
⑤ −21+65=+(65−21)=44
⑥ −5−26=−(5+26)=−31
⑦ −27+635=+(635−27)=608
⑧ 11−8=3

⑨ $-6-594=-(6+594)=-600$
⑩ $-9+68=+(68-9)=59$
⑪ $-0.2-0.6=-(0.2+0.6)=-0.8$
⑫ $-8.7+7.2=-(8.7-7.2)=-1.5$
⑬ $0.94-0.54=0.4\not{0}$
⑭ $-0.9+7=+(7-0.9)=6.1$
⑮ $-6.61+3.19=-(6.61-3.19)=-3.42$
⑯ $0.7-0.9=-(0.9-0.7)=-0.2$
⑰ $-10-5.03=-(10+5.03)=-15.03$
⑱ $-1.3-3.9=-(1.3+3.9)=-5.2$
⑲ $3.7+2=5.7$
⑳ $0.5-8.3=-(8.3-0.5)=-7.8$
㉑ $\frac{1}{4}-\frac{3}{4}=-\left(\frac{3}{4}-\frac{1}{4}\right)=-\frac{2}{4}=-\frac{1}{2}$
㉒ $-3-\frac{1}{2}=-\left(3+\frac{1}{2}\right)=-3\frac{1}{2}$
㉓ $-5\frac{5}{12}+6\frac{7}{12}=+\left(6\frac{7}{12}-5\frac{5}{12}\right)=1\frac{2}{12}=1\frac{1}{6}$
㉔ $1\frac{7}{10}-\frac{3}{10}=1\frac{4}{10}=1\frac{2}{5}$
㉕ $-\frac{9}{17}-\frac{13}{17}=-\left(\frac{9}{17}+\frac{13}{17}\right)=-\frac{22}{17}=-1\frac{5}{17}$
㉖ $-\frac{7}{15}+1\frac{2}{15}=+\left(1\frac{2}{15}-\frac{7}{15}\right)=+\left(\frac{17}{15}-\frac{7}{15}\right)=\frac{10}{15}=\frac{2}{3}$
㉗ $\frac{5}{7}-4=-\left(4-\frac{5}{7}\right)=-\left(3\frac{7}{7}-\frac{5}{7}\right)=-3\frac{2}{7}$
㉘ $1\frac{5}{9}+3\frac{7}{9}=4\frac{12}{9}=4\frac{4}{3}=5\frac{1}{3}$
㉙ $-\frac{3}{14}-8\frac{1}{14}=-\left(\frac{3}{14}+8\frac{1}{14}\right)=-8\frac{4}{14}=-8\frac{2}{7}$
㉚ $\frac{5}{12}+\frac{1}{12}=\frac{6}{12}=\frac{1}{2}$
㉛ $-1+\frac{7}{10}=-\left(1-\frac{7}{10}\right)=-\left(\frac{10}{10}-\frac{7}{10}\right)=-\frac{3}{10}$
㉜ $2\frac{5}{13}-7\frac{6}{13}=-\left(7\frac{6}{13}-2\frac{5}{13}\right)=-5\frac{1}{13}$
㉝ $\frac{6}{7}+2\frac{3}{7}=2\frac{9}{7}=3\frac{2}{7}$
㉞ $3-4\frac{1}{3}=-\left(4\frac{1}{3}-3\right)=-1\frac{1}{3}$
㉟ $-\frac{2}{9}+\frac{8}{9}=+\left(\frac{8}{9}-\frac{2}{9}\right)=\frac{6}{9}=\frac{2}{3}$
㊱ $-3\frac{5}{7}-4\frac{2}{7}=-\left(3\frac{5}{7}+4\frac{2}{7}\right)=-7\frac{7}{7}=-8$

K-29

① -5 ② 51 ③ 0 ④ 361 ⑤ 84
⑥ -6 ⑦ -24 ⑧ -505 ⑨ -1 ⑩ -17
⑪ -6.7 ⑫ 4.7 ⑬ -5.5 ⑭ -2.3 ⑮ -3.9
⑯ -1.68 ⑰ -1.1 ⑱ -6.62 ⑲ 0.3 ⑳ 0.5
㉑ $6\frac{9}{10}$ ㉒ $-6\frac{4}{5}$ ㉓ $-\frac{5}{13}$ ㉔ $-10\frac{1}{4}$ ㉕ $-3\frac{4}{5}$
㉖ $2\frac{3}{5}$ ㉗ $1\frac{1}{2}$ ㉘ $-4\frac{1}{2}$ ㉙ $-\frac{2}{7}$ ㉚ $4\frac{5}{9}$
㉛ $6\frac{1}{3}$ ㉜ $-1\frac{5}{6}$ ㉝ $3\frac{2}{3}$ ㉞ $-1\frac{2}{3}$ ㉟ $-3\frac{5}{7}$
㊱ $-2\frac{1}{3}$

〈풀이〉

① $-21+16=-(21-16)=-5$
② $55-4=51$
③ $-6+6=0$
④ $368-7=361$
⑤ $68+16=84$
⑥ $1-7=-(7-1)=-6$
⑦ $-29+5=-(29-5)=-24$
⑧ $-906+401=-(906-401)=-505$
⑨ $38-39=-(39-38)=-1$
⑩ $-9-8=-(9+8)=-17$
⑪ $2.4-9.1=-(9.1-2.4)=-6.7$
⑫ $3.5+1.2=4.7$
⑬ $-5-0.5=-(5+0.5)=-5.5$
⑭ $-2.9+0.6=-(2.9-0.6)=-2.3$
⑮ $6-9.9=-(9.9-6)=-3.9$
⑯ $-0.92-0.76=-(0.92+0.76)=-1.68$
⑰ $-0.6-0.5=-(0.6+0.5)=-1.1$
⑱ $0.38-7=-(7-0.38)=-6.62$
⑲ $-0.5+0.8=+(0.8-0.5)=0.3$
⑳ $-4.8+5.3=+(5.3-4.8)=0.5$
㉑ $4+2\frac{9}{10}=6\frac{9}{10}$
㉒ $-7\frac{2}{5}+\frac{3}{5}=-\left(7\frac{2}{5}-\frac{3}{5}\right)=-\left(6\frac{7}{5}-\frac{3}{5}\right)=-6\frac{4}{5}$
㉓ $\frac{4}{13}-\frac{9}{13}=-\left(\frac{9}{13}-\frac{4}{13}\right)=-\frac{5}{13}$
㉔ $-7-3\frac{1}{4}=-\left(7+3\frac{1}{4}\right)=-10\frac{1}{4}$
㉕ $-6\frac{1}{10}+2\frac{3}{10}=-\left(6\frac{1}{10}-2\frac{3}{10}\right)=-\left(5\frac{11}{10}-2\frac{3}{10}\right)$
$=-3\frac{8}{10}=-3\frac{4}{5}$
㉖ $5-2\frac{2}{5}=4\frac{5}{5}-2\frac{2}{5}=2\frac{3}{5}$
㉗ $\frac{7}{8}+\frac{5}{8}=\frac{12}{8}=\frac{3}{2}=1\frac{1}{2}$
㉘ $-2\frac{3}{4}-1\frac{3}{4}=-\left(2\frac{3}{4}+1\frac{3}{4}\right)=-3\frac{6}{4}=-3\frac{3}{2}=-4\frac{1}{2}$

㉙ $-\frac{5}{7}+\frac{3}{7}=-\left(\frac{5}{7}-\frac{3}{7}\right)=-\frac{2}{7}$

㉚ $-2+6\frac{5}{9}=+\left(6\frac{5}{9}-2\right)=4\frac{5}{9}$

㉛ $3\frac{1}{15}+3\frac{4}{15}=6\frac{5}{15}=6\frac{1}{3}$

㉜ $-2+\frac{1}{6}=-\left(2-\frac{1}{6}\right)=-\left(1\frac{6}{6}-\frac{1}{6}\right)=-1\frac{5}{6}$

㉝ $3\frac{4}{9}+\frac{2}{9}=3\frac{6}{9}=3\frac{2}{3}$

㉞ $-\frac{5}{6}-\frac{5}{6}=-\left(\frac{5}{6}+\frac{5}{6}\right)=-\frac{10}{6}=-\frac{5}{3}=-1\frac{2}{3}$

㉟ $-2\frac{6}{7}-\frac{6}{7}=-\left(2\frac{6}{7}+\frac{6}{7}\right)=-2\frac{12}{7}=-3\frac{5}{7}$

㊱ $1\frac{5}{6}-4\frac{1}{6}=-\left(4\frac{1}{6}-1\frac{5}{6}\right)=-\left(3\frac{7}{6}-1\frac{5}{6}\right)$

$=-2\frac{2}{6}=-2\frac{1}{3}$

K - 30

① −14	② −256	③ 42	④ −76	⑤ −15
⑥ 5	⑦ −67	⑧ −4	⑨ 307	⑩ −9
⑪ −8.3	⑫ 8	⑬ −0.46	⑭ 4.7	⑮ −8.3
⑯ −1.1	⑰ 2.3	⑱ −0.5	⑲ −10.6	⑳ 5
㉑ $-2\frac{5}{8}$	㉒ $8\frac{1}{4}$	㉓ $-4\frac{2}{5}$	㉔ $10\frac{2}{5}$	㉕ $\frac{1}{7}$
㉖ $\frac{4}{9}$	㉗ $-10\frac{1}{3}$	㉘ $1\frac{2}{3}$	㉙ $1\frac{7}{9}$	㉚ $-5\frac{4}{7}$
㉛ $-3\frac{1}{6}$	㉜ $-1\frac{3}{8}$	㉝ $4\frac{4}{7}$	㉞ $-\frac{8}{11}$	㉟ $\frac{3}{4}$
㊱ $-3\frac{2}{3}$				

〈풀이〉

① $-7-7=-(7+7)=-14$

② $-232-24=-(232+24)=-256$

③ $27+15=42$

④ $-84+8=-(84-8)=-76$

⑤ $19-34=-(34-19)=-15$

⑥ $-6+11=+(11-6)=5$

⑦ $8-75=-(75-8)=-67$

⑧ $-92+88=-(92-88)=-4$

⑨ $-158+465=+(465-158)=307$

⑩ $8-17=-(17-8)=-9$

⑪ $-9+0.7=-(9-0.7)=-8.3$

⑫ $0.2+7.8=8.\not{0}$

⑬ $-0.72+0.26=-(0.72-0.26)=-0.46$

⑭ $5.1-0.4=4.7$

⑮ $-5.7-2.6=-(5.7+2.6)=-8.3$

⑯ $0.9-2=-(2-0.9)=-1.1$

⑰ $-4+6.3=+(6.3-4)=2.3$

⑱ $0.3-0.8=-(0.8-0.3)=-0.5$

⑲ $-1.6-9=-(1.6+9)=-10.6$

⑳ $3.48+1.52=5.\not{0}\not{0}$

㉑ $\frac{3}{8}-3=-\left(3-\frac{3}{8}\right)=-\left(2\frac{8}{8}-\frac{3}{8}\right)=-2\frac{5}{8}$

㉒ $-\frac{3}{4}+9=+\left(9-\frac{3}{4}\right)=+\left(8\frac{4}{4}-\frac{3}{4}\right)=8\frac{1}{4}$

㉓ $-\frac{14}{15}-3\frac{7}{15}=-\left(\frac{14}{15}+3\frac{7}{15}\right)=-3\frac{21}{15}=-3\frac{7}{5}=-4\frac{2}{5}$

㉔ $10+\frac{2}{5}=10\frac{2}{5}$

㉕ $-\frac{9}{14}+\frac{11}{14}=+\left(\frac{11}{14}-\frac{9}{14}\right)=\frac{2}{14}=\frac{1}{7}$

㉖ $2-1\frac{5}{9}=1\frac{9}{9}-1\frac{5}{9}=\frac{4}{9}$

㉗ $-3\frac{1}{3}-7=-\left(3\frac{1}{3}+7\right)=-10\frac{1}{3}$

㉘ $-7\frac{13}{18}+9\frac{7}{18}=+\left(9\frac{7}{18}-7\frac{13}{18}\right)=+\left(8\frac{25}{18}-7\frac{13}{18}\right)$

$=1\frac{12}{18}=1\frac{2}{3}$

㉙ $\frac{8}{9}+\frac{8}{9}=\frac{16}{9}=1\frac{7}{9}$

㉚ $-5-\frac{4}{7}=-\left(5+\frac{4}{7}\right)=-5\frac{4}{7}$

㉛ $2\frac{5}{6}-6=-\left(6-2\frac{5}{6}\right)=-\left(5\frac{6}{6}-2\frac{5}{6}\right)=-3\frac{1}{6}$

㉜ $-1\frac{11}{16}+\frac{5}{16}=-\left(1\frac{11}{16}-\frac{5}{16}\right)=-1\frac{6}{16}=-1\frac{3}{8}$

㉝ $5\frac{6}{7}-1\frac{2}{7}=4\frac{4}{7}$

㉞ $-6\frac{8}{11}+6=-\left(6\frac{8}{11}-6\right)=-\frac{8}{11}$

㉟ $\frac{3}{8}+\frac{3}{8}=\frac{6}{8}=\frac{3}{4}$

㊱ $\frac{5}{9}-4\frac{2}{9}=-\left(4\frac{2}{9}-\frac{5}{9}\right)=-\left(3\frac{11}{9}-\frac{5}{9}\right)$

$=-3\frac{6}{9}=-3\frac{2}{3}$

K - 31

① 3, 2, 1	② 2, 3, 1	③ $\frac{1}{30}$	④ $-\frac{1}{30}$	⑤ $\frac{3}{8}$
⑥ $-\frac{3}{8}$	⑦ $\frac{1}{6}$	⑧ $-\frac{1}{6}$	⑨ $\frac{1}{10}$	⑩ $-\frac{1}{10}$

⑪ $\frac{1}{12}$ ⑫ $-\frac{1}{12}$ ⑬ $\frac{3}{20}$ ⑭ $-\frac{3}{20}$ ⑮ $\frac{1}{18}$
⑯ $-\frac{1}{18}$

〈풀이〉

① $\frac{1}{2}-\frac{1}{3}=\frac{3}{6}-\frac{2}{6}=\frac{1}{6}$

② $\frac{1}{3}-\frac{1}{2}=\frac{2}{6}-\frac{3}{6}=-\left(\frac{3}{6}-\frac{2}{6}\right)=-\frac{1}{6}$ (생략)

가능하면 $-\left(\frac{3}{6}-\frac{2}{6}\right)$의 과정을 생략한 후, 직접 답을 쓰도록 한다.

③ $\frac{1}{5}-\frac{1}{6}=\frac{6}{30}-\frac{5}{30}=\frac{1}{30}$

④ $\frac{1}{6}-\frac{1}{5}=\frac{5}{30}-\frac{6}{30}=-\left(\frac{6}{30}-\frac{5}{30}\right)=-\frac{1}{30}$

⑤ $\frac{1}{2}-\frac{1}{8}=\frac{4}{8}-\frac{1}{8}=\frac{3}{8}$

⑥ $\frac{1}{8}-\frac{1}{2}=\frac{1}{8}-\frac{4}{8}=-\left(\frac{4}{8}-\frac{1}{8}\right)=-\frac{3}{8}$

⑦ $\frac{1}{3}-\frac{1}{6}=\frac{2}{6}-\frac{1}{6}=\frac{1}{6}$

⑧ $\frac{1}{6}-\frac{1}{3}=\frac{1}{6}-\frac{2}{6}=-\left(\frac{2}{6}-\frac{1}{6}\right)=-\frac{1}{6}$

⑨ $\frac{1}{5}-\frac{1}{10}=\frac{2}{10}-\frac{1}{10}=\frac{1}{10}$

⑩ $\frac{1}{10}-\frac{1}{5}=\frac{1}{10}-\frac{2}{10}=-\left(\frac{2}{10}-\frac{1}{10}\right)=-\frac{1}{10}$

⑪ $\frac{1}{4}-\frac{1}{6}=\frac{3}{12}-\frac{2}{12}=\frac{1}{12}$

⑫ $\frac{1}{6}-\frac{1}{4}=\frac{2}{12}-\frac{3}{12}=-\left(\frac{3}{12}-\frac{2}{12}\right)=-\frac{1}{12}$

⑬ $\frac{1}{4}-\frac{1}{10}=\frac{5}{20}-\frac{2}{20}=\frac{3}{20}$

⑭ $\frac{1}{10}-\frac{1}{4}=\frac{2}{20}-\frac{5}{20}=-\left(\frac{5}{20}-\frac{2}{20}\right)=-\frac{3}{20}$

⑮ $\frac{1}{6}-\frac{1}{9}=\frac{3}{18}-\frac{2}{18}=\frac{1}{18}$

⑯ $\frac{1}{9}-\frac{1}{6}=\frac{2}{18}-\frac{3}{18}=-\left(\frac{3}{18}-\frac{2}{18}\right)=-\frac{1}{18}$

K - 32

① $\frac{1}{6}$ ② $-\frac{7}{15}$ ③ $-\frac{1}{4}$ ④ $\frac{5}{8}$ ⑤ $-\frac{2}{9}$
⑥ $\frac{15}{28}$ ⑦ $-\frac{17}{36}$ ⑧ $\frac{1}{24}$ ⑨ $\frac{1}{14}$ ⑩ $-\frac{3}{35}$
⑪ $\frac{5}{12}$ ⑫ $-\frac{1}{3}$ ⑬ $-\frac{17}{36}$ ⑭ $\frac{11}{72}$ ⑮ $-\frac{19}{60}$
⑯ $\frac{1}{6}$

〈풀이〉

① $\frac{2}{3}-\frac{1}{2}=\frac{4}{6}-\frac{3}{6}=\frac{1}{6}$

② $\frac{1}{3}-\frac{4}{5}=\frac{5}{15}-\frac{12}{15}=-\left(\frac{12}{15}-\frac{5}{15}\right)=-\frac{7}{15}$

③ $\frac{1}{2}-\frac{3}{4}=\frac{2}{4}-\frac{3}{4}=-\left(\frac{3}{4}-\frac{2}{4}\right)=-\frac{1}{4}$

④ $\frac{7}{8}-\frac{1}{4}=\frac{7}{8}-\frac{2}{8}=\frac{5}{8}$

⑤ $\frac{2}{3}-\frac{8}{9}=\frac{6}{9}-\frac{8}{9}=-\left(\frac{8}{9}-\frac{6}{9}\right)=-\frac{2}{9}$

⑥ $\frac{3}{4}-\frac{3}{14}=\frac{21}{28}-\frac{6}{28}=\frac{15}{28}$

⑦ $\frac{1}{12}-\frac{5}{9}=\frac{3}{36}-\frac{20}{36}=-\left(\frac{20}{36}-\frac{3}{36}\right)=-\frac{17}{36}$

⑧ $\frac{5}{8}-\frac{7}{12}=\frac{15}{24}-\frac{14}{24}=\frac{1}{24}$

⑨ $\frac{3}{14}-\frac{1}{7}=\frac{3}{14}-\frac{2}{14}=\frac{1}{14}$

⑩ $\frac{1}{5}-\frac{2}{7}=\frac{7}{35}-\frac{10}{35}=-\left(\frac{10}{35}-\frac{7}{35}\right)=-\frac{3}{35}$

⑪ $\frac{5}{6}-\frac{5}{12}=\frac{10}{12}-\frac{5}{12}=\frac{5}{12}$

⑫ $\frac{4}{15}-\frac{3}{5}=\frac{4}{15}-\frac{9}{15}=-\left(\frac{9}{15}-\frac{4}{15}\right)=-\frac{5}{15}=-\frac{1}{3}$

⑬ $\frac{5}{18}-\frac{3}{4}=\frac{10}{36}-\frac{27}{36}=-\left(\frac{27}{36}-\frac{10}{36}\right)=-\frac{17}{36}$

⑭ $\frac{3}{8}-\frac{2}{9}=\frac{27}{72}-\frac{16}{72}=\frac{11}{72}$

⑮ $\frac{5}{12}-\frac{11}{15}=\frac{25}{60}-\frac{44}{60}=-\left(\frac{44}{60}-\frac{25}{60}\right)=-\frac{19}{60}$

⑯ $\frac{3}{10}-\frac{2}{15}=\frac{9}{30}-\frac{4}{30}=\frac{5}{30}=\frac{1}{6}$

K - 33

① 3, 4, 1 ② 4, 3, 1 ③ $\frac{5}{14}$ ④ $-\frac{5}{14}$ ⑤ $\frac{1}{4}$
⑥ $-\frac{1}{4}$ ⑦ $\frac{1}{8}$ ⑧ $-\frac{1}{8}$ ⑨ $\frac{1}{12}$ ⑩ $-\frac{1}{12}$
⑪ $\frac{1}{24}$ ⑫ $-\frac{1}{24}$ ⑬ $\frac{5}{28}$ ⑭ $-\frac{5}{28}$ ⑮ $\frac{1}{30}$
⑯ $-\frac{1}{30}$

〈풀이〉

① $-\frac{1}{4}+\frac{1}{3}=-\frac{3}{12}+\frac{4}{12}=+\left(\frac{4}{12}-\frac{3}{12}\right)=\frac{1}{12}$

생략

가능하면 $+\left(\frac{4}{12}-\frac{3}{12}\right)$의 과정을 생략한 후, 직접 답을 쓰도록 한다.

② $-\frac{1}{3}+\frac{1}{4}=-\frac{4}{12}+\frac{3}{12}=-\left(\frac{4}{12}-\frac{3}{12}\right)=-\frac{1}{12}$

③ $-\frac{1}{7}+\frac{1}{2}=-\frac{2}{14}+\frac{7}{14}=+\left(\frac{7}{14}-\frac{2}{14}\right)=\frac{5}{14}$

④ $-\frac{1}{2}+\frac{1}{7}=-\frac{7}{14}+\frac{2}{14}=-\left(\frac{7}{14}-\frac{2}{14}\right)=-\frac{5}{14}$

⑤ $-\frac{1}{4}+\frac{1}{2}=-\frac{1}{4}+\frac{2}{4}=+\left(\frac{2}{4}-\frac{1}{4}\right)=\frac{1}{4}$

⑥ $-\frac{1}{2}+\frac{1}{4}=-\frac{2}{4}+\frac{1}{4}=-\left(\frac{2}{4}-\frac{1}{4}\right)=-\frac{1}{4}$

⑦ $-\frac{1}{8}+\frac{1}{4}=-\frac{1}{8}+\frac{2}{8}=+\left(\frac{2}{8}-\frac{1}{8}\right)=\frac{1}{8}$

⑧ $-\frac{1}{4}+\frac{1}{8}=-\frac{2}{8}+\frac{1}{8}=-\left(\frac{2}{8}-\frac{1}{8}\right)=-\frac{1}{8}$

⑨ $-\frac{1}{12}+\frac{1}{6}=-\frac{1}{12}+\frac{2}{12}=+\left(\frac{2}{12}-\frac{1}{12}\right)=\frac{1}{12}$

⑩ $-\frac{1}{6}+\frac{1}{12}=-\frac{2}{12}+\frac{1}{12}=-\left(\frac{2}{12}-\frac{1}{12}\right)=-\frac{1}{12}$

⑪ $-\frac{1}{8}+\frac{1}{6}=-\frac{3}{24}+\frac{4}{24}=+\left(\frac{4}{24}-\frac{3}{24}\right)=\frac{1}{24}$

⑫ $-\frac{1}{6}+\frac{1}{8}=-\frac{4}{24}+\frac{3}{24}=-\left(\frac{4}{24}-\frac{3}{24}\right)=-\frac{1}{24}$

⑬ $-\frac{1}{14}+\frac{1}{4}=-\frac{2}{28}+\frac{7}{28}=+\left(\frac{7}{28}-\frac{2}{28}\right)=\frac{5}{28}$

⑭ $-\frac{1}{4}+\frac{1}{14}=-\frac{7}{28}+\frac{2}{28}=-\left(\frac{7}{28}-\frac{2}{28}\right)=-\frac{5}{28}$

⑮ $-\frac{1}{15}+\frac{1}{10}=-\frac{2}{30}+\frac{3}{30}=+\left(\frac{3}{30}-\frac{2}{30}\right)=\frac{1}{30}$

⑯ $-\frac{1}{10}+\frac{1}{15}=-\frac{3}{30}+\frac{2}{30}=-\left(\frac{3}{30}-\frac{2}{30}\right)=-\frac{1}{30}$

K - 34

① $\frac{19}{30}$ ② $-\frac{7}{20}$ ③ $\frac{1}{8}$ ④ $-\frac{3}{10}$ ⑤ $\frac{1}{6}$

⑥ $-\frac{7}{12}$ ⑦ $\frac{11}{18}$ ⑧ $-\frac{13}{30}$ ⑨ $\frac{5}{36}$ ⑩ $-\frac{2}{15}$

⑪ $\frac{1}{2}$ ⑫ $-\frac{4}{9}$ ⑬ $-\frac{1}{15}$ ⑭ $\frac{5}{18}$ ⑮ $\frac{7}{24}$

⑯ $-\frac{1}{3}$

〈풀이〉

① $-\frac{1}{6}+\frac{4}{5}=-\frac{5}{30}+\frac{24}{30}=+\left(\frac{24}{30}-\frac{5}{30}\right)=\frac{19}{30}$

② $-\frac{3}{5}+\frac{1}{4}=-\frac{12}{20}+\frac{5}{20}=-\left(\frac{12}{20}-\frac{5}{20}\right)=-\frac{7}{20}$

③ $-\frac{5}{8}+\frac{3}{4}=-\frac{5}{8}+\frac{6}{8}=+\left(\frac{6}{8}-\frac{5}{8}\right)=\frac{1}{8}$

④ $-\frac{7}{10}+\frac{2}{5}=-\frac{7}{10}+\frac{4}{10}=-\left(\frac{7}{10}-\frac{4}{10}\right)=-\frac{3}{10}$

⑤ $-\frac{2}{3}+\frac{5}{6}=-\frac{4}{6}+\frac{5}{6}=+\left(\frac{5}{6}-\frac{4}{6}\right)=\frac{1}{6}$

⑥ $-\frac{3}{4}+\frac{1}{6}=-\frac{9}{12}+\frac{2}{12}=-\left(\frac{9}{12}-\frac{2}{12}\right)=-\frac{7}{12}$

⑦ $-\frac{2}{9}+\frac{5}{6}=-\frac{4}{18}+\frac{15}{18}=+\left(\frac{15}{18}-\frac{4}{18}\right)=\frac{11}{18}$

⑧ $-\frac{7}{10}+\frac{4}{15}=-\frac{21}{30}+\frac{8}{30}=-\left(\frac{21}{30}-\frac{8}{30}\right)=-\frac{13}{30}$

⑨ $-\frac{4}{9}+\frac{7}{12}=-\frac{16}{36}+\frac{21}{36}=+\left(\frac{21}{36}-\frac{16}{36}\right)=\frac{5}{36}$

⑩ $-\frac{4}{5}+\frac{2}{3}=-\frac{12}{15}+\frac{10}{15}=-\left(\frac{12}{15}-\frac{10}{15}\right)=-\frac{2}{15}$

⑪ $-\frac{3}{14}+\frac{5}{7}=-\frac{3}{14}+\frac{10}{14}=+\left(\frac{10}{14}-\frac{3}{14}\right)=\frac{7}{14}=\frac{1}{2}$

⑫ $-\frac{2}{3}+\frac{2}{9}=-\frac{6}{9}+\frac{2}{9}=-\left(\frac{6}{9}-\frac{2}{9}\right)=-\frac{4}{9}$

⑬ $-\frac{5}{12}+\frac{7}{20}=-\frac{25}{60}+\frac{21}{60}=-\left(\frac{25}{60}-\frac{21}{60}\right)$

$=-\frac{4}{60}=-\frac{1}{15}$

⑭ $-\frac{1}{2}+\frac{7}{9}=-\frac{9}{18}+\frac{14}{18}=+\left(\frac{14}{18}-\frac{9}{18}\right)=\frac{5}{18}$

⑮ $-\frac{5}{8}+\frac{11}{12}=-\frac{15}{24}+\frac{22}{24}=+\left(\frac{22}{24}-\frac{15}{24}\right)=\frac{7}{24}$

⑯ $-\frac{1}{2}+\frac{1}{6}=-\frac{3}{6}+\frac{1}{6}=-\left(\frac{3}{6}-\frac{1}{6}\right)=-\frac{2}{6}=-\frac{1}{3}$

K - 35

① 5, 3, 8 ② 3, 5, 8 ③ $-\frac{3}{14}$ ④ $-\frac{3}{14}$ ⑤ $-\frac{7}{30}$

⑥ $-\frac{7}{30}$ ⑦ $-\frac{7}{36}$ ⑧ $-\frac{7}{36}$ ⑨ $-\frac{25}{28}$ ⑩ $-\frac{8}{9}$

⑪ $-\frac{11}{24}$ ⑫ $-\frac{23}{33}$ ⑬ $-\frac{13}{15}$ ⑭ $-\frac{37}{40}$ ⑮ $-\frac{3}{4}$

⑯ $-\frac{3}{10}$

〈풀이〉

① $-\frac{1}{3}-\frac{1}{5}=-\frac{5}{15}-\frac{3}{15}=-\left(\frac{5}{15}+\frac{3}{15}\right)=-\frac{8}{15}$

생략

가능하면 $-\left(\frac{5}{15}+\frac{3}{15}\right)$의 과정을 생략한 후, 직접 답을 쓰도록 한다.

② $-\frac{1}{5}-\frac{1}{3}=-\frac{3}{15}-\frac{5}{15}=-\left(\frac{3}{15}+\frac{5}{15}\right)=-\frac{8}{15}$

③ $-\frac{1}{14}-\frac{1}{7}=-\frac{1}{14}-\frac{2}{14}=-\left(\frac{1}{14}+\frac{2}{14}\right)=-\frac{3}{14}$

④ $-\frac{1}{7}-\frac{1}{14}=-\frac{2}{14}-\frac{1}{14}=-\left(\frac{2}{14}+\frac{1}{14}\right)=-\frac{3}{14}$

⑤ $-\frac{1}{6}-\frac{1}{15}=-\frac{5}{30}-\frac{2}{30}=-\left(\frac{5}{30}+\frac{2}{30}\right)=-\frac{7}{30}$

⑥ $-\frac{1}{15}-\frac{1}{6}=-\frac{2}{30}-\frac{5}{30}=-\left(\frac{2}{30}+\frac{5}{30}\right)=-\frac{7}{30}$

⑦ $-\frac{1}{12}-\frac{1}{9}=-\frac{3}{36}-\frac{4}{36}=-\left(\frac{3}{36}+\frac{4}{36}\right)=-\frac{7}{36}$

⑧ $-\frac{1}{9}-\frac{1}{12}=-\frac{4}{36}-\frac{3}{36}=-\left(\frac{4}{36}+\frac{3}{36}\right)=-\frac{7}{36}$

⑨ $-\frac{3}{4}-\frac{1}{7}=-\frac{21}{28}-\frac{4}{28}=-\left(\frac{21}{28}+\frac{4}{28}\right)=-\frac{25}{28}$

⑩ $-\frac{2}{3}-\frac{2}{9}=-\frac{6}{9}-\frac{2}{9}=-\left(\frac{6}{9}+\frac{2}{9}\right)=-\frac{8}{9}$

⑪ $-\frac{1}{12}-\frac{3}{8}=-\frac{2}{24}-\frac{9}{24}=-\left(\frac{2}{24}+\frac{9}{24}\right)=-\frac{11}{24}$

⑫ $-\frac{4}{11}-\frac{1}{3}=-\frac{12}{33}-\frac{11}{33}=-\left(\frac{12}{33}+\frac{11}{33}\right)=-\frac{23}{33}$

⑬ $-\frac{4}{5}-\frac{1}{15}=-\frac{12}{15}-\frac{1}{15}=-\left(\frac{12}{15}+\frac{1}{15}\right)=-\frac{13}{15}$

⑭ $-\frac{5}{8}-\frac{3}{10}=-\frac{25}{40}-\frac{12}{40}=-\left(\frac{25}{40}+\frac{12}{40}\right)=-\frac{37}{40}$

⑮ $-\frac{7}{12}-\frac{1}{6}=-\frac{7}{12}-\frac{2}{12}=-\left(\frac{7}{12}+\frac{2}{12}\right)=-\frac{9}{12}=-\frac{3}{4}$

⑯ $-\frac{1}{6}-\frac{2}{15}=-\frac{5}{30}-\frac{4}{30}=-\left(\frac{5}{30}+\frac{4}{30}\right)=-\frac{9}{30}=-\frac{3}{10}$

〈풀이〉

① $\frac{1}{4}+\frac{2}{5}=\frac{5}{20}+\frac{8}{20}=\frac{13}{20}$

② $\frac{1}{4}-\frac{2}{5}=\frac{5}{20}-\frac{8}{20}=-\left(\frac{8}{20}-\frac{5}{20}\right)=-\frac{3}{20}$

③ $-\frac{1}{4}+\frac{2}{5}=-\frac{5}{20}+\frac{8}{20}=+\left(\frac{8}{20}-\frac{5}{20}\right)=\frac{3}{20}$

④ $-\frac{1}{4}-\frac{2}{5}=-\frac{5}{20}-\frac{8}{20}=-\left(\frac{5}{20}+\frac{8}{20}\right)=-\frac{13}{20}$

⑤ $\frac{1}{2}+\frac{3}{8}=\frac{4}{8}+\frac{3}{8}=\frac{7}{8}$

⑥ $\frac{1}{2}-\frac{3}{8}=\frac{4}{8}-\frac{3}{8}=\frac{1}{8}$

⑦ $-\frac{1}{2}+\frac{3}{8}=-\frac{4}{8}+\frac{3}{8}=-\left(\frac{4}{8}-\frac{3}{8}\right)=-\frac{1}{8}$

⑧ $-\frac{1}{2}-\frac{3}{8}=-\frac{4}{8}-\frac{3}{8}=-\left(\frac{4}{8}+\frac{3}{8}\right)=-\frac{7}{8}$

⑨ $\frac{1}{6}+\frac{5}{8}=\frac{4}{24}+\frac{15}{24}=\frac{19}{24}$

⑩ $\frac{1}{6}-\frac{5}{8}=\frac{4}{24}-\frac{15}{24}=-\left(\frac{15}{24}-\frac{4}{24}\right)=-\frac{11}{24}$

⑪ $-\frac{1}{6}+\frac{5}{8}=-\frac{4}{24}+\frac{15}{24}=+\left(\frac{15}{24}-\frac{4}{24}\right)=\frac{11}{24}$

⑫ $-\frac{1}{6}-\frac{5}{8}=-\frac{4}{24}-\frac{15}{24}=-\left(\frac{4}{24}+\frac{15}{24}\right)=-\frac{19}{24}$

⑬ $\frac{5}{6}+\frac{1}{14}=\frac{35}{42}+\frac{3}{42}=\frac{38}{42}=\frac{19}{21}$

⑭ $\frac{5}{6}-\frac{1}{14}=\frac{35}{42}-\frac{3}{42}=\frac{32}{42}=\frac{16}{21}$

⑮ $-\frac{5}{6}+\frac{1}{14}=-\frac{35}{42}+\frac{3}{42}=-\left(\frac{35}{42}-\frac{3}{42}\right)$
$=-\frac{32}{42}=-\frac{16}{21}$

⑯ $-\frac{5}{6}-\frac{1}{14}=-\frac{35}{42}-\frac{3}{42}=-\left(\frac{35}{42}+\frac{3}{42}\right)$
$=-\frac{38}{42}=-\frac{19}{21}$

K - 36

① $\frac{13}{20}$ ② $-\frac{3}{20}$ ③ $\frac{3}{20}$ ④ $-\frac{13}{20}$ ⑤ $\frac{7}{8}$

⑥ $\frac{1}{8}$ ⑦ $-\frac{1}{8}$ ⑧ $-\frac{7}{8}$ ⑨ $\frac{19}{24}$ ⑩ $-\frac{11}{24}$

⑪ $\frac{11}{24}$ ⑫ $-\frac{19}{24}$ ⑬ $\frac{19}{21}$ ⑭ $\frac{16}{21}$ ⑮ $-\frac{16}{21}$

⑯ $-\frac{19}{21}$

K - 37

① $-\frac{4}{21}$ ② $-\frac{4}{21}$ ③ $\frac{6}{35}$ ④ $\frac{6}{35}$ ⑤ $-\frac{21}{40}$

⑥ $-\frac{21}{40}$ ⑦ $\frac{3}{10}$ ⑧ $\frac{3}{10}$ ⑨ $-\frac{4}{35}$ ⑩ $-\frac{4}{35}$

⑪ $-\frac{5}{24}$ ⑫ $-\frac{5}{24}$ ⑬ $-\frac{19}{45}$ ⑭ $-\frac{19}{45}$ ⑮ $\frac{1}{18}$

⑯ $\frac{1}{18}$

〈풀이〉

① $\frac{1}{7}-\frac{1}{3}=\frac{3}{21}-\frac{7}{21}=-\left(\frac{7}{21}-\frac{3}{21}\right)=-\frac{4}{21}$

② $-\frac{1}{3}+\frac{1}{7}=-\frac{7}{21}+\frac{3}{21}=-\left(\frac{7}{21}-\frac{3}{21}\right)=-\frac{4}{21}$

③ $-\frac{2}{5}+\frac{4}{7}=-\frac{14}{35}+\frac{20}{35}=+\left(\frac{20}{35}-\frac{14}{35}\right)=\frac{6}{35}$

④ $\frac{4}{7}-\frac{2}{5}=\frac{20}{35}-\frac{14}{35}=\frac{6}{35}$

⑤ $-\frac{1}{8}-\frac{2}{5}=-\frac{5}{40}-\frac{16}{40}=-\left(\frac{5}{40}+\frac{16}{40}\right)=-\frac{21}{40}$

⑥ $-\frac{2}{5}-\frac{1}{8}=-\frac{16}{40}-\frac{5}{40}=-\left(\frac{16}{40}+\frac{5}{40}\right)=-\frac{21}{40}$

⑦ $\frac{2}{5}-\frac{1}{10}=\frac{4}{10}-\frac{1}{10}=\frac{3}{10}$

⑧ $-\frac{1}{10}+\frac{2}{5}=-\frac{1}{10}+\frac{4}{10}=+\left(\frac{4}{10}-\frac{1}{10}\right)=\frac{3}{10}$

⑨ $-\frac{2}{7}+\frac{6}{35}=-\frac{10}{35}+\frac{6}{35}=-\left(\frac{10}{35}-\frac{6}{35}\right)=-\frac{4}{35}$

⑩ $\frac{6}{35}-\frac{2}{7}=\frac{6}{35}-\frac{10}{35}=-\left(\frac{10}{35}-\frac{6}{35}\right)=-\frac{4}{35}$

⑪ $-\frac{1}{6}-\frac{1}{24}=-\frac{4}{24}-\frac{1}{24}=-\left(\frac{4}{24}+\frac{1}{24}\right)=-\frac{5}{24}$

⑫ $-\frac{1}{24}-\frac{1}{6}=-\frac{1}{24}-\frac{4}{24}=-\left(\frac{1}{24}+\frac{4}{24}\right)=-\frac{5}{24}$

⑬ $\frac{2}{15}-\frac{5}{9}=\frac{6}{45}-\frac{25}{45}=-\left(\frac{25}{45}-\frac{6}{45}\right)=-\frac{19}{45}$

⑭ $-\frac{5}{9}+\frac{2}{15}=-\frac{25}{45}+\frac{6}{45}=-\left(\frac{25}{45}-\frac{6}{45}\right)=-\frac{19}{45}$

⑮ $-\frac{7}{9}+\frac{5}{6}=-\frac{14}{18}+\frac{15}{18}=+\left(\frac{15}{18}-\frac{14}{18}\right)=\frac{1}{18}$

⑯ $\frac{5}{6}-\frac{7}{9}=\frac{15}{18}-\frac{14}{18}=\frac{1}{18}$

K - 38

① $-\frac{13}{15}$ ② $\frac{45}{56}$ ③ $\frac{13}{36}$ ④ $-\frac{7}{90}$ ⑤ $-\frac{2}{45}$

⑥ $\frac{25}{36}$ ⑦ $\frac{3}{16}$ ⑧ $-\frac{19}{36}$ ⑨ $-\frac{13}{18}$ ⑩ $\frac{5}{6}$

⑪ $\frac{3}{56}$ ⑫ $-\frac{7}{15}$ ⑬ $\frac{17}{18}$ ⑭ $-\frac{5}{8}$ ⑮ $\frac{1}{48}$

⑯ $-\frac{3}{20}$

〈풀이〉

① $-\frac{8}{15}-\frac{1}{3}=-\frac{8}{15}-\frac{5}{15}=-\left(\frac{8}{15}+\frac{5}{15}\right)=-\frac{13}{15}$

② $\frac{3}{7}+\frac{3}{8}=\frac{24}{56}+\frac{21}{56}=\frac{45}{56}$

③ $\frac{7}{9}-\frac{5}{12}=\frac{28}{36}-\frac{15}{36}=\frac{13}{36}$

④ $-\frac{2}{15}+\frac{1}{18}=-\frac{12}{90}+\frac{5}{90}=-\left(\frac{12}{90}-\frac{5}{90}\right)=-\frac{7}{90}$

⑤ $\frac{2}{5}-\frac{4}{9}=\frac{18}{45}-\frac{20}{45}=-\left(\frac{20}{45}-\frac{18}{45}\right)=-\frac{2}{45}$

⑥ $\frac{5}{12}+\frac{5}{18}=\frac{15}{36}+\frac{10}{36}=\frac{25}{36}$

⑦ $-\frac{3}{8}+\frac{9}{16}=-\frac{6}{16}+\frac{9}{16}=+\left(\frac{9}{16}-\frac{6}{16}\right)=\frac{3}{16}$

⑧ $-\frac{1}{4}-\frac{5}{18}=-\frac{9}{36}-\frac{10}{36}=-\left(\frac{9}{36}+\frac{10}{36}\right)=-\frac{19}{36}$

⑨ $-\frac{1}{2}-\frac{2}{9}=-\frac{9}{18}-\frac{4}{18}=-\left(\frac{9}{18}+\frac{4}{18}\right)=-\frac{13}{18}$

⑩ $\frac{1}{12}+\frac{3}{4}=\frac{1}{12}+\frac{9}{12}=\frac{10}{12}=\frac{5}{6}$

⑪ $-\frac{4}{7}+\frac{5}{8}=-\frac{32}{56}+\frac{35}{56}=+\left(\frac{35}{56}-\frac{32}{56}\right)=\frac{3}{56}$

⑫ $-\frac{3}{10}-\frac{1}{6}=-\frac{9}{30}-\frac{5}{30}=-\left(\frac{9}{30}+\frac{5}{30}\right)$

$=-\frac{14}{30}=-\frac{7}{15}$

⑬ $\frac{1}{6}+\frac{7}{9}=\frac{3}{18}+\frac{14}{18}=\frac{17}{18}$

⑭ $\frac{7}{40}-\frac{4}{5}=\frac{7}{40}-\frac{32}{40}=-\left(\frac{32}{40}-\frac{7}{40}\right)=-\frac{25}{40}=-\frac{5}{8}$

⑮ $\frac{7}{12}-\frac{9}{16}=\frac{28}{48}-\frac{27}{48}=\frac{1}{48}$

⑯ $-\frac{7}{30}+\frac{1}{12}=-\frac{14}{60}+\frac{5}{60}=-\left(\frac{14}{60}-\frac{5}{60}\right)$

$=-\frac{9}{60}=-\frac{3}{20}$

K - 39

① $1\frac{5}{12}$ ② $-5\frac{19}{24}$ ③ $5\frac{1}{4}$ ④ $8\frac{13}{30}$ ⑤ $-1\frac{13}{40}$

⑥ $2\frac{7}{15}$ ⑦ $-1\frac{1}{28}$ ⑧ $-5\frac{13}{24}$ ⑨ $-1\frac{11}{12}$ ⑩ $\frac{4}{21}$

⑪ $5\frac{5}{9}$ ⑫ $-8\frac{3}{10}$ ⑬ $-\frac{7}{15}$ ⑭ $-4\frac{17}{30}$ ⑮ $\frac{7}{20}$

⑯ $3\frac{1}{6}$

〈풀이〉

① $\frac{2}{3}+\frac{3}{4}=\frac{8}{12}+\frac{9}{12}=\frac{17}{12}=1\frac{5}{12}$

② $-3\frac{3}{8}-2\frac{5}{12}=-3\frac{9}{24}-2\frac{10}{24}=-\left(3\frac{9}{24}+2\frac{10}{24}\right)$
$=-5\frac{19}{24}$

③ $6\frac{1}{12}-\frac{5}{6}=6\frac{1}{12}-\frac{10}{12}=5\frac{13}{12}-\frac{10}{12}=5\frac{3}{12}=5\frac{1}{4}$

④ $-\frac{5}{6}+9\frac{4}{15}=-\frac{25}{30}+9\frac{8}{30}=+\left(9\frac{8}{30}-\frac{25}{30}\right)$
$=+\left(8\frac{38}{30}-\frac{25}{30}\right)=8\frac{13}{30}$

⑤ $1\frac{3}{8}-2\frac{7}{10}=1\frac{15}{40}-2\frac{28}{40}=-\left(2\frac{28}{40}-1\frac{15}{40}\right)$
$=-1\frac{13}{40}$

⑥ $2\frac{1}{6}+\frac{3}{10}=2\frac{5}{30}+\frac{9}{30}=2\frac{14}{30}=2\frac{7}{15}$

⑦ $-\frac{9}{28}-\frac{5}{7}=-\frac{9}{28}-\frac{20}{28}=-\left(\frac{9}{28}+\frac{20}{28}\right)$
$=-\frac{29}{28}=-1\frac{1}{28}$

⑧ $-5\frac{2}{3}+\frac{1}{8}=-5\frac{16}{24}+\frac{3}{24}=-\left(5\frac{16}{24}-\frac{3}{24}\right)=-5\frac{13}{24}$

⑨ $\frac{1}{4}-2\frac{1}{6}=\frac{3}{12}-2\frac{2}{12}=-\left(2\frac{2}{12}-\frac{3}{12}\right)$
$=-\left(1\frac{14}{12}-\frac{3}{12}\right)=-1\frac{11}{12}$

⑩ $-\frac{9}{14}+\frac{5}{6}=-\frac{27}{42}+\frac{35}{42}=+\left(\frac{35}{42}-\frac{27}{42}\right)=\frac{8}{42}=\frac{4}{21}$

⑪ $\frac{2}{9}+5\frac{1}{3}=\frac{2}{9}+5\frac{3}{9}=5\frac{5}{9}$

⑫ $-7\frac{1}{2}-\frac{4}{5}=-7\frac{5}{10}-\frac{8}{10}=-\left(7\frac{5}{10}+\frac{8}{10}\right)$
$=-7\frac{13}{10}=-8\frac{3}{10}$

⑬ $-2\frac{3}{5}+2\frac{2}{15}=-2\frac{9}{15}+2\frac{2}{15}=-\left(2\frac{9}{15}-2\frac{2}{15}\right)$
$=-\frac{7}{15}$

⑭ $-\frac{3}{10}-4\frac{4}{15}=-\frac{9}{30}-4\frac{8}{30}$
$=-\left(\frac{9}{30}+4\frac{8}{30}\right)$
$=-4\frac{17}{30}$

⑮ $\frac{3}{4}-\frac{2}{5}=\frac{15}{20}-\frac{8}{20}=\frac{7}{20}$

⑯ $1\frac{7}{10}+1\frac{7}{15}=1\frac{21}{30}+1\frac{14}{30}=2\frac{35}{30}=2\frac{7}{6}=3\frac{1}{6}$

K - 40

① $1\frac{11}{20}$ ② $-1\frac{11}{30}$ ③ $-7\frac{1}{4}$ ④ $-6\frac{5}{6}$ ⑤ $\frac{1}{2}$
⑥ $3\frac{23}{56}$ ⑦ $-3\frac{17}{90}$ ⑧ $4\frac{11}{28}$ ⑨ $5\frac{1}{6}$ ⑩ $-4\frac{7}{10}$
⑪ $-\frac{7}{10}$ ⑫ $\frac{17}{18}$ ⑬ $\frac{1}{2}$ ⑭ $-2\frac{3}{10}$ ⑮ $3\frac{2}{5}$
⑯ $-8\frac{2}{25}$

〈풀이〉

① $1\frac{5}{12}+\frac{2}{15}=1\frac{25}{60}+\frac{8}{60}=1\frac{33}{60}=1\frac{11}{20}$

② $-\frac{2}{3}-\frac{7}{10}=-\frac{20}{30}-\frac{21}{30}=-\left(\frac{20}{30}+\frac{21}{30}\right)$
$=-\frac{41}{30}=-1\frac{11}{30}$

③ $-7\frac{3}{5}+\frac{7}{20}=-7\frac{12}{20}+\frac{7}{20}=-\left(7\frac{12}{20}-\frac{7}{20}\right)$
$=-7\frac{5}{20}=-7\frac{1}{4}$

④ $-4\frac{1}{12}-2\frac{3}{4}=-4\frac{1}{12}-2\frac{9}{12}=-\left(4\frac{1}{12}+2\frac{9}{12}\right)$
$=-6\frac{10}{12}=-6\frac{5}{6}$

⑤ $\frac{5}{6}-\frac{1}{3}=\frac{5}{6}-\frac{2}{6}=\frac{3}{6}=\frac{1}{2}$

⑥ $-\frac{5}{7}+4\frac{1}{8}=-\frac{40}{56}+4\frac{7}{56}=+\left(4\frac{7}{56}-\frac{40}{56}\right)$
$=+\left(3\frac{63}{56}-\frac{40}{56}\right)=3\frac{23}{56}$

⑦ $-\frac{2}{15}-3\frac{1}{18}=-\frac{12}{90}-3\frac{5}{90}=-\left(\frac{12}{90}+3\frac{5}{90}\right)$
$=-3\frac{17}{90}$

⑧ $5\frac{1}{7}-\frac{3}{4}=5\frac{4}{28}-\frac{21}{28}=4\frac{32}{28}-\frac{21}{28}=4\frac{11}{28}$

⑨ $2\frac{11}{18}+2\frac{5}{9}=2\frac{11}{18}+2\frac{10}{18}=4\frac{21}{18}=4\frac{7}{6}=5\frac{1}{6}$

⑩ $\frac{1}{6}-4\frac{13}{15}=\frac{5}{30}-4\frac{26}{30}=-\left(4\frac{26}{30}-\frac{5}{30}\right)$
$=-4\frac{21}{30}=-4\frac{7}{10}$

⑪ $-4\frac{1}{6}+3\frac{7}{15}=-4\frac{5}{30}+3\frac{14}{30}=-\left(4\frac{5}{30}-3\frac{14}{30}\right)$
$=-\left(3\frac{35}{30}-3\frac{14}{30}\right)=-\frac{21}{30}=-\frac{7}{10}$

⑫ $\frac{1}{2}+\frac{4}{9}=\frac{9}{18}+\frac{8}{18}=\frac{17}{18}$

⑬ $-0.3+\frac{4}{5}=-\frac{3}{10}+\frac{4}{5}=-\frac{3}{10}+\frac{8}{10}$

$=+\left(\frac{8}{10}-\frac{3}{10}\right)=\frac{5}{10}=\frac{1}{2}$

⑭ $4.2-6\frac{1}{2}=4\frac{1}{5}-6\frac{1}{2}=4\frac{2}{10}-6\frac{5}{10}$

$=-\left(6\frac{5}{10}-4\frac{2}{10}\right)=-2\frac{3}{10}$

⑮ $\frac{13}{20}+2.75=\frac{13}{20}+2\frac{3}{4}=\frac{13}{20}+2\frac{15}{20}=2\frac{28}{20}=2\frac{7}{5}=3\frac{2}{5}$

⑯ $-1.33-6\frac{3}{4}=-1\frac{33}{100}-6\frac{3}{4}=-1\frac{33}{100}-6\frac{75}{100}$

$=-\left(1\frac{33}{100}+6\frac{75}{100}\right)=-7\frac{108}{100}$

$=-7\frac{27}{25}=-8\frac{2}{25}$

K - 41

① 7, 16	② 7, −2	③ 8	④ −10	⑤ 10
⑥ −8	⑦ 2	⑧ −16	⑨ −1	⑩ −5
⑪ 5	⑫ 1	⑬ 2	⑭ −6	⑮ −2
⑯ −12	⑰ 10	⑱ −2	⑲ −4	⑳ −16

〈풀이〉

※ 덧셈과 뺄셈이 섞여 있는 식은 앞에서부터 차례대로 계산한다.

① 3+4+9=7+9=16

② 3+4−9=7−9=−2

③ 3−4+9=−1+9=8

④ 3−4−9=−1−9=−10

⑤ −3+4+9=1+9=10

⑥ −3+4−9=1−9=−8

⑦ −3−4+9=−7+9=2

⑧ −3−4−9=−7−9=−16

⑨ 5+2−8=7−8=−1

⑩ 5−2−8=3−8=−5

⑪ −5+2+8=−3+8=5

⑫ −5−2+8=−7+8=1

⑬ 3−5+4=−2+4=2

⑭ 3−5−4=−2−4=−6

⑮ −3+5−4=2−4=−2

⑯ −3−5−4=−8−4=−12

⑰ 7+6−3=13−3=10

⑱ 7−6−3=1−3=−2

⑲ −7+6−3=−1−3=−4

⑳ −7−6−3=−13−3=−16

K - 42

① 5, 2	② 3, 4	③ $-1\frac{1}{9}$	④ $1\frac{1}{9}$	⑤ $-\frac{4}{9}$
⑥ $\frac{2}{9}$	⑦ $-1\frac{1}{3}$	⑧ $1\frac{5}{7}$	⑨ $-\frac{2}{7}$	⑩ $-\frac{4}{7}$
⑪ $-\frac{6}{7}$	⑫ $-\frac{2}{15}$	⑬ $1\frac{1}{15}$	⑭ $\frac{2}{5}$	⑮ $-1\frac{1}{3}$

〈풀이〉

① $\frac{1}{9}+\frac{4}{9}-\frac{7}{9}=\frac{5}{9}-\frac{7}{9}=-\frac{2}{9}$

② $\frac{1}{9}-\frac{4}{9}+\frac{7}{9}=-\frac{3}{9}+\frac{7}{9}=\frac{4}{9}$

③ $\frac{1}{9}-\frac{4}{9}-\frac{7}{9}=-\frac{3}{9}-\frac{7}{9}=-\frac{10}{9}=-1\frac{1}{9}$

④ $-\frac{1}{9}+\frac{4}{9}+\frac{7}{9}=\frac{3}{9}+\frac{7}{9}=\frac{10}{9}=1\frac{1}{9}$

⑤ $-\frac{1}{9}+\frac{4}{9}-\frac{7}{9}=\frac{3}{9}-\frac{7}{9}=-\frac{4}{9}$

⑥ $-\frac{1}{9}-\frac{4}{9}+\frac{7}{9}=-\frac{5}{9}+\frac{7}{9}=\frac{2}{9}$

⑦ $-\frac{1}{9}-\frac{4}{9}-\frac{7}{9}=-\frac{5}{9}-\frac{7}{9}=-\frac{12}{9}=-\frac{4}{3}=-1\frac{1}{3}$

⑧ $\frac{5}{7}+\frac{4}{7}+\frac{3}{7}=\frac{9}{7}+\frac{3}{7}=\frac{12}{7}=1\frac{5}{7}$

⑨ $\frac{5}{7}-\frac{4}{7}-\frac{3}{7}=\frac{1}{7}-\frac{3}{7}=-\frac{2}{7}$

⑩ $-\frac{5}{7}+\frac{4}{7}-\frac{3}{7}=-\frac{1}{7}-\frac{3}{7}=-\frac{4}{7}$

⑪ $-\frac{5}{7}-\frac{4}{7}+\frac{3}{7}=-\frac{9}{7}+\frac{3}{7}=-\frac{6}{7}$

⑫ $\frac{7}{15}+\frac{2}{15}-\frac{11}{15}=\frac{9}{15}-\frac{11}{15}=-\frac{2}{15}$

⑬ $\frac{7}{15}-\frac{2}{15}+\frac{11}{15}=\frac{5}{15}+\frac{11}{15}=\frac{16}{15}=1\frac{1}{15}$

⑭ $-\frac{7}{15}+\frac{2}{15}+\frac{11}{15}=-\frac{5}{15}+\frac{11}{15}=\frac{6}{15}=\frac{2}{5}$

⑮ $-\frac{7}{15}-\frac{2}{15}-\frac{11}{15}=-\frac{9}{15}-\frac{11}{15}=-\frac{20}{15}=-\frac{4}{3}=-1\frac{1}{3}$

K - 43

① 3, 6, 4, 9, 4, 5 ② 3, 6, 4, 3, 4, 1

③ $-\frac{7}{12}$	④ $\frac{7}{12}$	⑤ $-\frac{1}{12}$	⑥ $-\frac{5}{12}$	⑦ $-1\frac{1}{12}$
⑧ $\frac{19}{30}$	⑨ $\frac{7}{30}$	⑩ $-\frac{7}{30}$	⑪ $-\frac{19}{30}$	⑫ $\frac{1}{18}$

⑬ $-\frac{5}{18}$ ⑭ $\frac{5}{18}$ ⑮ $-\frac{1}{18}$

〈풀이〉

① $\frac{1}{4}+\frac{1}{2}-\frac{1}{3}=\frac{3}{12}+\frac{6}{12}-\frac{4}{12}=\frac{9}{12}-\frac{4}{12}=\frac{5}{12}$

② $\frac{1}{4}-\frac{1}{2}+\frac{1}{3}=\frac{3}{12}-\frac{6}{12}+\frac{4}{12}=-\frac{3}{12}+\frac{4}{12}=\frac{1}{12}$

③ $\frac{1}{4}-\frac{1}{2}-\frac{1}{3}=\frac{3}{12}-\frac{6}{12}-\frac{4}{12}=-\frac{3}{12}-\frac{4}{12}=-\frac{7}{12}$

④ $-\frac{1}{4}+\frac{1}{2}+\frac{1}{3}=-\frac{3}{12}+\frac{6}{12}+\frac{4}{12}=\frac{3}{12}+\frac{4}{12}=\frac{7}{12}$

⑤ $-\frac{1}{4}+\frac{1}{2}-\frac{1}{3}=-\frac{3}{12}+\frac{6}{12}-\frac{4}{12}=\frac{3}{12}-\frac{4}{12}=-\frac{1}{12}$

⑥ $-\frac{1}{4}-\frac{1}{2}+\frac{1}{3}=-\frac{3}{12}-\frac{6}{12}+\frac{4}{12}=-\frac{9}{12}+\frac{4}{12}=-\frac{5}{12}$

⑦ $-\frac{1}{4}-\frac{1}{2}-\frac{1}{3}=-\frac{3}{12}-\frac{6}{12}-\frac{4}{12}=-\frac{9}{12}-\frac{4}{12}$
$=-\frac{13}{12}=-1\frac{1}{12}$

⑧ $\frac{1}{3}+\frac{1}{5}+\frac{1}{10}=\frac{10}{30}+\frac{6}{30}+\frac{3}{30}=\frac{16}{30}+\frac{3}{30}=\frac{19}{30}$

⑨ $\frac{1}{3}-\frac{1}{5}+\frac{1}{10}=\frac{10}{30}-\frac{6}{30}+\frac{3}{30}=\frac{4}{30}+\frac{3}{30}=\frac{7}{30}$

⑩ $-\frac{1}{3}+\frac{1}{5}-\frac{1}{10}=-\frac{10}{30}+\frac{6}{30}-\frac{3}{30}$
$=-\frac{4}{30}-\frac{3}{30}=-\frac{7}{30}$

⑪ $-\frac{1}{3}-\frac{1}{5}-\frac{1}{10}=-\frac{10}{30}-\frac{6}{30}-\frac{3}{30}$
$=-\frac{16}{30}-\frac{3}{30}=-\frac{19}{30}$

⑫ $\frac{2}{9}+\frac{1}{6}-\frac{1}{3}=\frac{4}{18}+\frac{3}{18}-\frac{6}{18}=\frac{7}{18}-\frac{6}{18}=\frac{1}{18}$

⑬ $\frac{2}{9}-\frac{1}{6}-\frac{1}{3}=\frac{4}{18}-\frac{3}{18}-\frac{6}{18}=\frac{1}{18}-\frac{6}{18}=-\frac{5}{18}$

⑭ $-\frac{2}{9}+\frac{1}{6}+\frac{1}{3}=-\frac{4}{18}+\frac{3}{18}+\frac{6}{18}=-\frac{1}{18}+\frac{6}{18}=\frac{5}{18}$

⑮ $-\frac{2}{9}-\frac{1}{6}+\frac{1}{3}=-\frac{4}{18}-\frac{3}{18}+\frac{6}{18}$
$=-\frac{7}{18}+\frac{6}{18}=-\frac{1}{18}$

K - 44

① -11 ② 2 ③ -19 ④ 0 ⑤ -9
⑥ 1 ⑦ 3 ⑧ -4 ⑨ -5 ⑩ 2
⑪ $-1\frac{2}{9}$ ⑫ $\frac{3}{8}$ ⑬ $-\frac{1}{2}$ ⑭ $\frac{1}{14}$ ⑮ $-\frac{7}{36}$
⑯ $\frac{17}{24}$ ⑰ $-\frac{1}{3}$ ⑱ $-1\frac{13}{60}$

〈풀이〉

① $2-9-4=-7-4=-11$
② $-7+4+5=-3+5=2$
③ $-6-5-8=-11-8=-19$
④ $3-4+1=-1+1=0$
⑤ $-10-4+5=-14+5=-9$
⑥ $-3+6-2=3-2=1$
⑦ $2+3-7+5=5-7+5=-2+5=3$
⑧ $-2+7-3-6=5-3-6=2-6=-4$
⑨ $7-9+2-5=-2+2-5=0-5=-5$
⑩ $-3-2+9-2=-5+9-2=4-2=2$

⑪ $\frac{2}{9}-\frac{5}{9}-\frac{8}{9}=-\frac{3}{9}-\frac{8}{9}=-\frac{11}{9}=-1\frac{2}{9}$

⑫ $-\frac{1}{8}-\frac{3}{8}+\frac{7}{8}=-\frac{4}{8}+\frac{7}{8}=\frac{3}{8}$

⑬ $\frac{3}{10}+\frac{1}{10}-\frac{9}{10}=\frac{4}{10}-\frac{9}{10}=-\frac{5}{10}=-\frac{1}{2}$

⑭ $-\frac{13}{14}+\frac{9}{14}+\frac{5}{14}=-\frac{4}{14}+\frac{5}{14}=\frac{1}{14}$

⑮ $\frac{5}{12}-\frac{7}{9}+\frac{1}{6}=\frac{15}{36}-\frac{28}{36}+\frac{6}{36}=-\frac{13}{36}+\frac{6}{36}=-\frac{7}{36}$

⑯ $-\frac{1}{2}+\frac{3}{8}+\frac{5}{6}=-\frac{12}{24}+\frac{9}{24}+\frac{20}{24}=-\frac{3}{24}+\frac{20}{24}=\frac{17}{24}$

⑰ $\frac{1}{3}-\frac{1}{4}-\frac{5}{12}=\frac{4}{12}-\frac{3}{12}-\frac{5}{12}=\frac{1}{12}-\frac{5}{12}$
$=-\frac{4}{12}=-\frac{1}{3}$

⑱ $-\frac{4}{5}+\frac{1}{4}-\frac{2}{3}=-\frac{48}{60}+\frac{15}{60}-\frac{40}{60}=-\frac{33}{60}-\frac{40}{60}$
$=-\frac{73}{60}=-1\frac{13}{60}$

K - 45

① 4 ② -7 ③ 2 ④ -3 ⑤ -8
⑥ -19 ⑦ 7 ⑧ -12 ⑨ -11 ⑩ 5
⑪ $\frac{5}{18}$ ⑫ $-\frac{1}{3}$ ⑬ $-\frac{9}{20}$ ⑭ $\frac{1}{5}$ ⑮ $-2\frac{31}{60}$
⑯ $-6\frac{3}{8}$ ⑰ $2\frac{3}{8}$ ⑱ $-4\frac{25}{36}$

〈풀이〉

① $7-13+10=-6+10=4$
② $-8+16-15=8-15=-7$
③ $-13+5+19-9=-8+19-9=11-9=2$

④ $5+8+2-18=13+2-18=15-18=-3$

⑤ $-14+8-7+5=-6-7+5=-13+5=-8$

⑥ $-13-8-7+9=-21-7+9=-28+9=-19$

⑦ $1-2-3-4+15=-1-3-4+15=-4-4+15$
$=-8+15=7$

⑧ $-5+4+7-10-8=-1+7-10-8=6-10-8$
$=-4-8=-12$

⑨ $-2-9+5+4-15+6=-11+5+4-15+6$
$=-6+4-15+6$
$=-2-15+6$
$=-17+6=-11$

⑩ $12-7-9+20-3-8=5-9+20-3-8$
$=-4+20-3-8$
$=16-3-8=13-8=5$

⑪ $\frac{2}{3}-\frac{5}{6}+\frac{4}{9}=\frac{12}{18}-\frac{15}{18}+\frac{8}{18}=-\frac{3}{18}+\frac{8}{18}=\frac{5}{18}$

⑫ $-\frac{2}{21}+\frac{5}{21}-\frac{10}{21}=\frac{3}{21}-\frac{10}{21}=-\frac{7}{21}=-\frac{1}{3}$

⑬ $\frac{3}{4}+\frac{4}{5}-2=\frac{15}{20}+\frac{16}{20}-2=\frac{31}{20}-\frac{40}{20}=-\frac{9}{20}$

⑭ $-\frac{3}{5}-\frac{7}{10}+1\frac{1}{2}=-\frac{6}{10}-\frac{7}{10}+1\frac{5}{10}$
$=-\frac{13}{10}+\frac{15}{10}=\frac{2}{10}=\frac{1}{5}$

⑮ $-3\frac{3}{5}+\frac{1}{3}+\frac{3}{4}=-3\frac{36}{60}+\frac{20}{60}+\frac{45}{60}=-3\frac{16}{60}+\frac{45}{60}$
$=-2\frac{76}{60}+\frac{45}{60}=-2\frac{31}{60}$

⑯ $2-4\frac{3}{4}-3\frac{5}{8}=-2\frac{3}{4}-3\frac{5}{8}=-2\frac{6}{8}-3\frac{5}{8}$
$=-5\frac{11}{8}=-6\frac{3}{8}$

⑰ $-1\frac{1}{8}-\frac{3}{8}+3\frac{7}{8}=-1\frac{4}{8}+3\frac{7}{8}=2\frac{3}{8}$

⑱ $2\frac{1}{6}+1\frac{5}{12}-8\frac{5}{18}=2\frac{6}{36}+1\frac{15}{36}-8\frac{10}{36}$
$=3\frac{21}{36}-8\frac{10}{36}=3\frac{21}{36}-7\frac{46}{36}$
$=-4\frac{25}{36}$

K - 46

① −, 3	② +, 11	③ −, −3	④ +, 11	⑤ 2
⑥ 14	⑦ −2	⑧ 14	⑨ −, −13	⑩ +, −3
⑪ −, −13	⑫ +, 3	⑬ −10	⑭ −4	⑮ −10
⑯ 4	⑰ −16	⑱ −8	⑲ −16	⑳ 8

〈풀이〉

※ 괄호를 풀 때에는 +와 −의 부호의 변화에 주의한다.

① $7+(-4)=7-4=3$

② $7-(-4)=7+4=11$

③ $4+(-7)=4-7=-(7-4)=-3$ (생략)

가능하면 $-(7-4)$의 과정을 생략한 후, 직접 답을 쓰도록 한다.

④ $4-(-7)=4+7=11$

⑤ $8+(-6)=8-6=2$

⑥ $8-(-6)=8+6=14$

⑦ $6+(-8)=6-8=-(8-6)=-2$

⑧ $6-(-8)=6+8=14$

⑨ $-8+(-5)=-8-5=-(8+5)=-13$

⑩ $-8-(-5)=-8+5=-(8-5)=-3$

⑪ $-5+(-8)=-5-8=-(5+8)=-13$

⑫ $-5-(-8)=-5+8=+(8-5)=3$

⑬ $-7+(-3)=-7-3=-(7+3)=-10$

⑭ $-7-(-3)=-7+3=-(7-3)=-4$

⑮ $-3+(-7)=-3-7=-(3+7)=-10$

⑯ $-3-(-7)=-3+7=+(7-3)=4$

⑰ $-12+(-4)=-12-4=-(12+4)=-16$

⑱ $-12-(-4)=-12+4=-(12-4)=-8$

⑲ $-4+(-12)=-4-12=-(4+12)=-16$

⑳ $-4-(-12)=-4+12=+(12-4)=8$

K - 47

① $-, \frac{1}{5}$	② $+, \frac{3}{5}$	③ $-\frac{1}{5}$	④ $\frac{3}{5}$	⑤ $\frac{1}{3}$
⑥ $\frac{7}{9}$	⑦ $-\frac{1}{3}$	⑧ $\frac{7}{9}$	⑨ $-\frac{5}{7}$	⑩ $-\frac{1}{7}$
⑪ $-\frac{5}{7}$	⑫ $\frac{1}{7}$	⑬ $-1\frac{2}{5}$	⑭ $-\frac{1}{5}$	⑮ $-1\frac{2}{5}$
⑯ $\frac{1}{5}$				

〈풀이〉

① $\frac{2}{5}+\left(-\frac{1}{5}\right)=\frac{2}{5}-\frac{1}{5}=\frac{1}{5}$

② $\frac{2}{5}-\left(-\frac{1}{5}\right)=\frac{2}{5}+\frac{1}{5}=\frac{3}{5}$

③ $\frac{1}{5}+\left(-\frac{2}{5}\right)=\frac{1}{5}-\frac{2}{5}=-\left(\frac{2}{5}-\frac{1}{5}\right)=-\frac{1}{5}$

④ $\frac{1}{5}-\left(-\frac{2}{5}\right)=\frac{1}{5}+\frac{2}{5}=\frac{3}{5}$

⑤ $\frac{5}{9}+\left(-\frac{2}{9}\right)=\frac{5}{9}-\frac{2}{9}=\frac{3}{9}=\frac{1}{3}$

⑥ $\frac{5}{9}-\left(-\frac{2}{9}\right)=\frac{5}{9}+\frac{2}{9}=\frac{7}{9}$

⑦ $\frac{2}{9}+\left(-\frac{5}{9}\right)=\frac{2}{9}-\frac{5}{9}=-\left(\frac{5}{9}-\frac{2}{9}\right)=-\frac{3}{9}=-\frac{1}{3}$

⑧ $\frac{2}{9}-\left(-\frac{5}{9}\right)=\frac{2}{9}+\frac{5}{9}=\frac{7}{9}$

⑨ $-\frac{3}{7}+\left(-\frac{2}{7}\right)=-\frac{3}{7}-\frac{2}{7}=-\left(\frac{3}{7}+\frac{2}{7}\right)=-\frac{5}{7}$

⑩ $-\frac{3}{7}-\left(-\frac{2}{7}\right)=-\frac{3}{7}+\frac{2}{7}=-\left(\frac{3}{7}-\frac{2}{7}\right)=-\frac{1}{7}$

⑪ $-\frac{2}{7}+\left(-\frac{3}{7}\right)=-\frac{2}{7}-\frac{3}{7}=-\left(\frac{2}{7}+\frac{3}{7}\right)=-\frac{5}{7}$

⑫ $-\frac{2}{7}-\left(-\frac{3}{7}\right)=-\frac{2}{7}+\frac{3}{7}=+\left(\frac{3}{7}-\frac{2}{7}\right)=\frac{1}{7}$

⑬ $-\frac{4}{5}+\left(-\frac{3}{5}\right)=-\frac{4}{5}-\frac{3}{5}=-\left(\frac{4}{5}+\frac{3}{5}\right)=-\frac{7}{5}=-1\frac{2}{5}$

⑭ $-\frac{4}{5}-\left(-\frac{3}{5}\right)=-\frac{4}{5}+\frac{3}{5}=-\left(\frac{4}{5}-\frac{3}{5}\right)=-\frac{1}{5}$

⑮ $-\frac{3}{5}+\left(-\frac{4}{5}\right)=-\frac{3}{5}-\frac{4}{5}=-\left(\frac{3}{5}+\frac{4}{5}\right)=-\frac{7}{5}=-1\frac{2}{5}$

⑯ $-\frac{3}{5}-\left(-\frac{4}{5}\right)=-\frac{3}{5}+\frac{4}{5}=+\left(\frac{4}{5}-\frac{3}{5}\right)=\frac{1}{5}$

⑮ $-\frac{3}{11}+\left(-\frac{6}{11}\right)=-\frac{3}{11}-\frac{6}{11}=-\left(\frac{3}{11}+\frac{6}{11}\right)=-\frac{9}{11}$

⑯ $-\frac{3}{11}-\left(-\frac{6}{11}\right)=-\frac{3}{11}+\frac{6}{11}=+\left(\frac{6}{11}-\frac{3}{11}\right)=\frac{3}{11}$

⑰ $\frac{9}{10}+\left(-\frac{7}{10}\right)=\frac{9}{10}-\frac{7}{10}=\frac{2}{10}=\frac{1}{5}$

⑱ $\frac{9}{10}-\left(-\frac{7}{10}\right)=\frac{9}{10}+\frac{7}{10}=\frac{16}{10}=\frac{8}{5}=1\frac{3}{5}$

⑲ $-\frac{9}{10}+\left(-\frac{7}{10}\right)=-\frac{9}{10}-\frac{7}{10}=-\left(\frac{9}{10}+\frac{7}{10}\right)$
$=-\frac{16}{10}=-\frac{8}{5}=-1\frac{3}{5}$

⑳ $-\frac{9}{10}-\left(-\frac{7}{10}\right)=-\frac{9}{10}+\frac{7}{10}=-\left(\frac{9}{10}-\frac{7}{10}\right)$
$=-\frac{2}{10}=-\frac{1}{5}$

K - 48

① -1	② 11	③ -11	④ 1	⑤ 5
⑥ 13	⑦ -13	⑧ -5	⑨ -7	⑩ 21
⑪ -21	⑫ 7	⑬ $-\frac{3}{11}$	⑭ $\frac{9}{11}$	⑮ $-\frac{9}{11}$
⑯ $\frac{3}{11}$	⑰ $\frac{1}{5}$	⑱ $1\frac{3}{5}$	⑲ $-1\frac{3}{5}$	⑳ $-\frac{1}{5}$

〈풀이〉

① $5+(-6)=5-6=-(6-5)=-1$

② $5-(-6)=5+6=11$

③ $-5+(-6)=-5-6=-(5+6)=-11$

④ $-5-(-6)=-5+6=+(6-5)=1$

⑤ $9+(-4)=9-4=5$

⑥ $9-(-4)=9+4=13$

⑦ $-9+(-4)=-9-4=-(9+4)=-13$

⑧ $-9-(-4)=-9+4=-(9-4)=-5$

⑨ $7+(-14)=7-14=-(14-7)=-7$

⑩ $7-(-14)=7+14=21$

⑪ $-7+(-14)=-7-14=-(7+14)=-21$

⑫ $-7-(-14)=-7+14=+(14-7)=7$

⑬ $\frac{3}{11}+\left(-\frac{6}{11}\right)=\frac{3}{11}-\frac{6}{11}=-\left(\frac{6}{11}-\frac{3}{11}\right)=-\frac{3}{11}$

⑭ $\frac{3}{11}-\left(-\frac{6}{11}\right)=\frac{3}{11}+\frac{6}{11}=\frac{9}{11}$

K - 49

① -4	② 5	③ -5	④ 9	⑤ -20
⑥ -1	⑦ 17	⑧ -2	⑨ -18	⑩ 0
⑪ $\frac{3}{7}$	⑫ 0	⑬ $1\frac{2}{9}$	⑭ $-\frac{3}{5}$	⑮ -1
⑯ $-\frac{3}{11}$	⑰ $1\frac{1}{2}$	⑱ $-\frac{3}{4}$		

〈풀이〉

① $-1+(-3)=-1-3=-(1+3)=-4$

② $10+(-5)=10-5=5$

③ $-8-(-3)=-8+3=-(8-3)=-5$

④ $3-(-6)=3+6=9$

⑤ $-11+(-9)=-11-9=-(11+9)=-20$

⑥ $4+(-5)=4-5=-(5-4)=-1$

⑦ $9-(-8)=9+8=17$

⑧ $5+(-7)=5-7=-(7-5)=-2$

⑨ $-12+(-6)=-12-6=-(12+6)=-18$

⑩ $-4-(-4)=-4+4=0$

⑪ $\frac{5}{7}+\left(-\frac{2}{7}\right)=\frac{5}{7}-\frac{2}{7}=\frac{3}{7}$

⑫ $-\frac{3}{5}-\left(-\frac{3}{5}\right)=-\frac{3}{5}+\frac{3}{5}=0$

⑬ $\frac{4}{9}-\left(-\frac{7}{9}\right)=\frac{4}{9}+\frac{7}{9}=\frac{11}{9}=1\frac{2}{9}$

⑭ $-\frac{3}{10}+\left(-\frac{3}{10}\right)=-\frac{3}{10}-\frac{3}{10}=-\left(\frac{3}{10}+\frac{3}{10}\right)$
$=-\frac{6}{10}=-\frac{3}{5}$

⑮ $-\frac{1}{6}+\left(-\frac{5}{6}\right)=-\frac{1}{6}-\frac{5}{6}=-\left(\frac{1}{6}+\frac{5}{6}\right)=-\frac{6}{6}=-1$

⑯ $\frac{2}{11}+\left(-\frac{5}{11}\right)=\frac{2}{11}-\frac{5}{11}=-\left(\frac{5}{11}-\frac{2}{11}\right)=-\frac{3}{11}$

⑰ $\frac{3}{4}-\left(-\frac{3}{4}\right)=\frac{3}{4}+\frac{3}{4}=\frac{6}{4}=\frac{3}{2}=1\frac{1}{2}$

⑱ $-\frac{7}{8}-\left(-\frac{1}{8}\right)=-\frac{7}{8}+\frac{1}{8}=-\left(\frac{7}{8}-\frac{1}{8}\right)=-\frac{6}{8}=-\frac{3}{4}$

K - 50

① 12	② 13	③ −20	④ 10	⑤ 15
⑥ −43	⑦ −7	⑧ −9	⑨ 12	⑩ 13
⑪ $1\frac{4}{9}$	⑫ $-2\frac{1}{4}$	⑬ $2\frac{1}{5}$	⑭ $-3\frac{3}{13}$	⑮ $6\frac{2}{3}$
⑯ $-\frac{5}{11}$	⑰ $-1\frac{2}{3}$	⑱ $-6\frac{1}{5}$		

〈풀이〉

① $4-(-8)=4+8=12$

② $-6-(-19)=-6+19=+(19-6)=13$

③ $-4+(-16)=-4-16=-(4+16)=-20$

④ $15+(-5)=15-5=10$

⑤ $4-(-11)=4+11=15$

⑥ $-28+(-15)=-28-15=-(28+15)=-43$

⑦ $6+(-13)=6-13=-(13-6)=-7$

⑧ $-18-(-9)=-18+9=-(18-9)=-9$

⑨ $9-(-3)=9+3=12$

⑩ $-19-(-32)=-19+32=+(32-19)=13$

⑪ $\frac{8}{9}-\left(-\frac{5}{9}\right)=\frac{8}{9}+\frac{5}{9}=\frac{13}{9}=1\frac{4}{9}$

⑫ $1\frac{1}{8}+\left(-3\frac{3}{8}\right)=1\frac{1}{8}-3\frac{3}{8}=-\left(3\frac{3}{8}-1\frac{1}{8}\right)$
$=-2\frac{2}{8}=-2\frac{1}{4}$

⑬ $-\frac{4}{5}-(-3)=-\frac{4}{5}+3=+\left(3-\frac{4}{5}\right)$
$=+\left(2\frac{5}{5}-\frac{4}{5}\right)=2\frac{1}{5}$

⑭ $-2\frac{9}{13}+\left(-\frac{7}{13}\right)=-2\frac{9}{13}-\frac{7}{13}=-\left(2\frac{9}{13}+\frac{7}{13}\right)$
$=-2\frac{16}{13}=-3\frac{3}{13}$

⑮ $2-\left(-4\frac{2}{3}\right)=2+4\frac{2}{3}=6\frac{2}{3}$

⑯ $-\frac{9}{11}-\left(-\frac{4}{11}\right)=-\frac{9}{11}+\frac{4}{11}=-\left(\frac{9}{11}-\frac{4}{11}\right)=-\frac{5}{11}$

⑰ $\frac{5}{12}+\left(-2\frac{1}{12}\right)=\frac{5}{12}-2\frac{1}{12}=-\left(2\frac{1}{12}-\frac{5}{12}\right)$
$=-\left(1\frac{13}{12}-\frac{5}{12}\right)=-1\frac{8}{12}=-1\frac{2}{3}$

⑱ $-2\frac{3}{10}+\left(-3\frac{9}{10}\right)=-2\frac{3}{10}-3\frac{9}{10}=-\left(2\frac{3}{10}+3\frac{9}{10}\right)$
$=-5\frac{12}{10}=-5\frac{6}{5}=-6\frac{1}{5}$

K - 51

① 0.4	② 0.8	③ −0.4	④ 0.8	⑤ −1.1
⑥ −0.5	⑦ −1.1	⑧ 0.5	⑨ −0.6	⑩ 3
⑪ −3	⑫ 0.6	⑬ −1.3	⑭ 1.1	⑮ 4.2
⑯ −7	⑰ 8.7	⑱ 4.7	⑲ −0.2	⑳ −10.1

〈풀이〉

① $0.6+(-0.2)=0.6-0.2=0.4$

② $0.6-(-0.2)=0.6+0.2=0.8$

③ $0.2+(-0.6)=0.2-0.6=-(0.6-0.2)=-0.4$

④ $0.2-(-0.6)=0.2+0.6=0.8$

⑤ $-0.8+(-0.3)=-0.8-0.3=-(0.8+0.3)=-1.1$

⑥ $-0.8-(-0.3)=-0.8+0.3=-(0.8-0.3)=-0.5$

⑦ $-0.3+(-0.8)=-0.3-0.8=-(0.3+0.8)=-1.1$

⑧ $-0.3-(-0.8)=-0.3+0.8=+(0.8-0.3)=0.5$

⑨ $1.2+(-1.8)=1.2-1.8=-(1.8-1.2)=-0.6$

⑩ $1.2-(-1.8)=1.2+1.8=3.\not{0}$

⑪ $-1.2+(-1.8)=-1.2-1.8=-(1.2+1.8)=-3.\not{0}$

⑫ $-1.2-(-1.8)=-1.2+1.8=+(1.8-1.2)=0.6$

⑬ $2.3+(-3.6)=2.3-3.6=-(3.6-2.3)=-1.3$

⑭ $-1.8-(-2.9)=-1.8+2.9=+(2.9-1.8)=1.1$

⑮ $2.7-(-1.5)=2.7+1.5=4.2$

⑯ $-2.4+(-4.6)=-2.4-4.6=-(2.4+4.6)=-7.\not{0}$

⑰ $3.6-(-5.1)=3.6+5.1=8.7$

⑱ $6.4+(-1.7)=6.4-1.7=4.7$

⑲ $-1.4-(-1.2)=-1.4+1.2=-(1.4-1.2)=-0.2$

⑳ $-5.3+(-4.8)=-5.3-4.8=-(5.3+4.8)=-10.1$

K - 52

① $\frac{5}{12}$	② $\frac{11}{12}$	③ $-\frac{5}{12}$	④ $\frac{11}{12}$	⑤ $-1\frac{3}{8}$
⑥ $\frac{1}{8}$	⑦ $-1\frac{3}{8}$	⑧ $-\frac{1}{8}$	⑨ $\frac{1}{2}$	⑩ $1\frac{1}{6}$
⑪ $-1\frac{1}{6}$	⑫ $-\frac{1}{2}$	⑬ $-\frac{17}{30}$	⑭ $\frac{5}{6}$	⑮ $-\frac{5}{6}$
⑯ $\frac{17}{30}$				

〈풀이〉

① $\frac{2}{3}+\left(-\frac{1}{4}\right)=\frac{2}{3}-\frac{1}{4}=\frac{8}{12}-\frac{3}{12}=\frac{5}{12}$

② $\frac{2}{3}-\left(-\frac{1}{4}\right)=\frac{2}{3}+\frac{1}{4}=\frac{8}{12}+\frac{3}{12}=\frac{11}{12}$

③ $\frac{1}{4}+\left(-\frac{2}{3}\right)=\frac{1}{4}-\frac{2}{3}=\frac{3}{12}-\frac{8}{12}=-\left(\frac{8}{12}-\frac{3}{12}\right)=-\frac{5}{12}$

④ $\frac{1}{4}-\left(-\frac{2}{3}\right)=\frac{1}{4}+\frac{2}{3}=\frac{3}{12}+\frac{8}{12}=\frac{11}{12}$

⑤ $-\frac{5}{8}+\left(-\frac{3}{4}\right)=-\frac{5}{8}-\frac{3}{4}=-\frac{5}{8}-\frac{6}{8}$

$=-\left(\frac{5}{8}+\frac{6}{8}\right)=-\frac{11}{8}=-1\frac{3}{8}$

⑥ $-\frac{5}{8}-\left(-\frac{3}{4}\right)=-\frac{5}{8}+\frac{3}{4}=-\frac{5}{8}+\frac{6}{8}=+\left(\frac{6}{8}-\frac{5}{8}\right)=\frac{1}{8}$

⑦ $-\frac{3}{4}+\left(-\frac{5}{8}\right)=-\frac{3}{4}-\frac{5}{8}=-\frac{6}{8}-\frac{5}{8}$

$=-\left(\frac{6}{8}+\frac{5}{8}\right)=-\frac{11}{8}=-1\frac{3}{8}$

⑧ $-\frac{3}{4}-\left(-\frac{5}{8}\right)=-\frac{3}{4}+\frac{5}{8}=-\frac{6}{8}+\frac{5}{8}$

$=-\left(\frac{6}{8}-\frac{5}{8}\right)=-\frac{1}{8}$

⑨ $\frac{5}{6}+\left(-\frac{1}{3}\right)=\frac{5}{6}-\frac{1}{3}=\frac{5}{6}-\frac{2}{6}=\frac{3}{6}=\frac{1}{2}$

⑩ $\frac{5}{6}-\left(-\frac{1}{3}\right)=\frac{5}{6}+\frac{1}{3}=\frac{5}{6}+\frac{2}{6}=\frac{7}{6}=1\frac{1}{6}$

⑪ $-\frac{5}{6}+\left(-\frac{1}{3}\right)=-\frac{5}{6}-\frac{1}{3}=-\frac{5}{6}-\frac{2}{6}$

$=-\left(\frac{5}{6}+\frac{2}{6}\right)=-\frac{7}{6}=-1\frac{1}{6}$

⑫ $-\frac{5}{6}-\left(-\frac{1}{3}\right)=-\frac{5}{6}+\frac{1}{3}=-\frac{5}{6}+\frac{2}{6}$

$=-\left(\frac{5}{6}-\frac{2}{6}\right)=-\frac{3}{6}=-\frac{1}{2}$

⑬ $\frac{2}{15}+\left(-\frac{7}{10}\right)=\frac{2}{15}-\frac{7}{10}=\frac{4}{30}-\frac{21}{30}$

$=-\left(\frac{21}{30}-\frac{4}{30}\right)=-\frac{17}{30}$

⑭ $\frac{2}{15}-\left(-\frac{7}{10}\right)=\frac{2}{15}+\frac{7}{10}=\frac{4}{30}+\frac{21}{30}=\frac{25}{30}=\frac{5}{6}$

⑮ $-\frac{2}{15}+\left(-\frac{7}{10}\right)=-\frac{2}{15}-\frac{7}{10}=-\frac{4}{30}-\frac{21}{30}$

$=-\left(\frac{4}{30}+\frac{21}{30}\right)=-\frac{25}{30}=-\frac{5}{6}$

⑯ $-\frac{2}{15}-\left(-\frac{7}{10}\right)=-\frac{2}{15}+\frac{7}{10}=-\frac{4}{30}+\frac{21}{30}$

$=+\left(\frac{21}{30}-\frac{4}{30}\right)=\frac{17}{30}$

K - 53

① $\frac{1}{10}$ ② $1\frac{1}{6}$ ③ $-\frac{1}{2}$ ④ $-\frac{7}{12}$ ⑤ $-\frac{1}{4}$

⑥ $1\frac{1}{4}$ ⑦ $-1\frac{4}{15}$ ⑧ $\frac{1}{6}$ ⑨ $1\frac{1}{8}$ ⑩ $-2\frac{13}{30}$

⑪ $-2\frac{13}{20}$ ⑫ $-2\frac{1}{9}$ ⑬ $3\frac{1}{24}$ ⑭ $-1\frac{1}{2}$ ⑮ $\frac{2}{3}$

⑯ $\frac{7}{15}$

〈풀이〉

① $\frac{1}{2}+\left(-\frac{2}{5}\right)=\frac{1}{2}-\frac{2}{5}=\frac{5}{10}-\frac{4}{10}=\frac{1}{10}$

② $\frac{1}{3}-\left(-\frac{5}{6}\right)=\frac{1}{3}+\frac{5}{6}=\frac{2}{6}+\frac{5}{6}=\frac{7}{6}=1\frac{1}{6}$

③ $-\frac{3}{10}+\left(-\frac{1}{5}\right)=-\frac{3}{10}-\frac{1}{5}=-\frac{3}{10}-\frac{2}{10}$

$=-\left(\frac{3}{10}+\frac{2}{10}\right)=-\frac{5}{10}=-\frac{1}{2}$

④ $-\frac{5}{6}-\left(-\frac{1}{4}\right)=-\frac{5}{6}+\frac{1}{4}=-\frac{10}{12}+\frac{3}{12}$

$=-\left(\frac{10}{12}-\frac{3}{12}\right)=-\frac{7}{12}$

⑤ $\frac{1}{2}+\left(-\frac{3}{4}\right)=\frac{1}{2}-\frac{3}{4}=\frac{2}{4}-\frac{3}{4}=-\left(\frac{3}{4}-\frac{2}{4}\right)=-\frac{1}{4}$

⑥ $\frac{11}{12}-\left(-\frac{1}{3}\right)=\frac{11}{12}+\frac{1}{3}=\frac{11}{12}+\frac{4}{12}=\frac{15}{12}=\frac{5}{4}=1\frac{1}{4}$

⑦ $-\frac{2}{3}+\left(-\frac{3}{5}\right)=-\frac{2}{3}-\frac{3}{5}=-\frac{10}{15}-\frac{9}{15}$

$=-\left(\frac{10}{15}+\frac{9}{15}\right)$

$=-\frac{19}{15}=-1\frac{4}{15}$

⑧ $-\frac{2}{15}-\left(-\frac{3}{10}\right)=-\frac{2}{15}+\frac{3}{10}=-\frac{4}{30}+\frac{9}{30}$

$=+\left(\frac{9}{30}-\frac{4}{30}\right)=\frac{5}{30}=\frac{1}{6}$

⑨ $\frac{1}{4}-\left(-\frac{7}{8}\right)=\frac{1}{4}+\frac{7}{8}=\frac{2}{8}+\frac{7}{8}=\frac{9}{8}=1\frac{1}{8}$

⑩ $\frac{2}{5}+\left(-2\frac{5}{6}\right)=\frac{2}{5}-2\frac{5}{6}=\frac{12}{30}-2\frac{25}{30}$

$=-\left(2\frac{25}{30}-\frac{12}{30}\right)=-2\frac{13}{30}$

⑪ $-3\frac{1}{4}-\left(-\frac{3}{5}\right)=-3\frac{1}{4}+\frac{3}{5}=-3\frac{5}{20}+\frac{12}{20}$

$=-\left(3\frac{5}{20}-\frac{12}{20}\right)=-\left(2\frac{25}{20}-\frac{12}{20}\right)$

$=-2\frac{13}{20}$

⑫ $-1\frac{7}{9}+\left(-\frac{1}{3}\right)=-1\frac{7}{9}-\frac{1}{3}=-1\frac{7}{9}-\frac{3}{9}$

$=-\left(1\frac{7}{9}+\frac{3}{9}\right)$

$=-1\frac{10}{9}=-2\frac{1}{9}$

⑬ $3\frac{7}{8}+\left(-\frac{5}{6}\right)=3\frac{7}{8}-\frac{5}{6}=3\frac{21}{24}-\frac{20}{24}=3\frac{1}{24}$

⑭ $-\frac{5}{6}+\left(-\frac{2}{3}\right)=-\frac{5}{6}-\frac{2}{3}=-\frac{5}{6}-\frac{4}{6}=-\left(\frac{5}{6}+\frac{4}{6}\right)$

$=-\frac{9}{6}=-\frac{3}{2}=-1\frac{1}{2}$

⑮ $\frac{3}{5}-\left(-\frac{1}{15}\right)=\frac{3}{5}+\frac{1}{15}=\frac{9}{15}+\frac{1}{15}=\frac{10}{15}=\frac{2}{3}$

⑯ $-\frac{7}{10}-\left(-1\frac{1}{6}\right)=-\frac{7}{10}+1\frac{1}{6}=-\frac{21}{30}+1\frac{5}{30}$

$=+\left(1\frac{5}{30}-\frac{21}{30}\right)=+\left(\frac{35}{30}-\frac{21}{30}\right)$

$=\frac{14}{30}=\frac{7}{15}$

K - 54

① -15	② -3	③ 3	④ 15	⑤ -13
⑥ 10	⑦ 5	⑧ -8	⑨ $-1\frac{1}{2}$	⑩ $\frac{1}{4}$
⑪ $-\frac{1}{4}$	⑫ $1\frac{1}{2}$	⑬ $-1\frac{3}{7}$	⑭ $-\frac{4}{9}$	⑮ $\frac{2}{5}$
⑯ $1\frac{2}{3}$				

〈풀이〉

※ 괄호를 풀 때에는 +와 −의 부호의 변화에 주의한다.

① $-9+(-6)=-9-6=-(9+6)=-15$

② $-9-(-6)=-9+6=-(9-6)=-3$

③ $-(-9)+(-6)=9-6=3$

④ $-(-9)-(-6)=9+6=15$

⑤ $-7+(-6)=-7-6=-(7+6)=-13$

⑥ $-(-6)-(-4)=6+4=10$

⑦ $-8-(-13)=-8+13=+(13-8)=5$

⑧ $-(-9)+(-17)=9-17=-(17-9)=-8$

⑨ $-\frac{5}{8}+\left(-\frac{7}{8}\right)=-\frac{5}{8}-\frac{7}{8}=-\left(\frac{5}{8}+\frac{7}{8}\right)$

$=-\frac{12}{8}=-\frac{3}{2}=-1\frac{1}{2}$

⑩ $-\frac{5}{8}-\left(-\frac{7}{8}\right)=-\frac{5}{8}+\frac{7}{8}=+\left(\frac{7}{8}-\frac{5}{8}\right)=\frac{2}{8}=\frac{1}{4}$

⑪ $-\left(-\frac{5}{8}\right)+\left(-\frac{7}{8}\right)=\frac{5}{8}-\frac{7}{8}=-\left(\frac{7}{8}-\frac{5}{8}\right)$

$=-\frac{2}{8}=-\frac{1}{4}$

⑫ $-\left(-\frac{5}{8}\right)-\left(-\frac{7}{8}\right)=\frac{5}{8}+\frac{7}{8}=\frac{12}{8}=\frac{3}{2}=1\frac{1}{2}$

⑬ $-\frac{6}{7}+\left(-\frac{4}{7}\right)=-\frac{6}{7}-\frac{4}{7}=-\left(\frac{6}{7}+\frac{4}{7}\right)$

$=-\frac{10}{7}=-1\frac{3}{7}$

⑭ $-\left(-\frac{4}{9}\right)+\left(-\frac{8}{9}\right)=\frac{4}{9}-\frac{8}{9}=-\left(\frac{8}{9}-\frac{4}{9}\right)=-\frac{4}{9}$

⑮ $-\frac{3}{10}-\left(-\frac{7}{10}\right)=-\frac{3}{10}+\frac{7}{10}=+\left(\frac{7}{10}-\frac{3}{10}\right)$

$=\frac{4}{10}=\frac{2}{5}$

⑯ $-\left(-\frac{5}{6}\right)-\left(-\frac{5}{6}\right)=\frac{5}{6}+\frac{5}{6}=\frac{10}{6}=\frac{5}{3}=1\frac{2}{3}$

K - 55

① -0.8	② 0.2	③ -0.2	④ 0.8	⑤ -1.3
⑥ 1.1	⑦ 0.8	⑧ -0.8	⑨ 0.2	⑩ 1.9
⑪ $-\frac{31}{40}$	⑫ $\frac{1}{40}$	⑬ $-\frac{1}{40}$	⑭ $\frac{31}{40}$	⑮ $-\frac{20}{21}$
⑯ $\frac{2}{3}$	⑰ $\frac{2}{3}$	⑱ $-\frac{5}{24}$		

〈풀이〉

① $-0.3+(-0.5)=-0.3-0.5=-(0.3+0.5)=-0.8$

② $-0.3-(-0.5)=-0.3+0.5=+(0.5-0.3)=0.2$

③ $-(-0.3)+(-0.5)=0.3-0.5=-(0.5-0.3)$

$=-0.2$

④ $-(-0.3)-(-0.5)=0.3+0.5=0.8$

⑤ $-0.7+(-0.6)=-0.7-0.6=-(0.7+0.6)=-1.3$

⑥ $-(-0.9)-(-0.2)=0.9+0.2=1.1$

⑦ $-0.8-(-1.6)=-0.8+1.6=+(1.6-0.8)=0.8$

⑧ $-(-0.6)+(-1.4)=0.6-1.4=-(1.4-0.6)$

$=-0.8$

⑨ $0-(-0.2)=0+0.2=0.2$

⑩ $-(-1.9)-0=1.9-0=1.9$

⑪ $-\frac{3}{8}+\left(-\frac{2}{5}\right)=-\frac{3}{8}-\frac{2}{5}=-\frac{15}{40}-\frac{16}{40}$

$=-\left(\frac{15}{40}+\frac{16}{40}\right)=-\frac{31}{40}$

⑫ $-\frac{3}{8}-\left(-\frac{2}{5}\right)=-\frac{3}{8}+\frac{2}{5}=-\frac{15}{40}+\frac{16}{40}$

$=+\left(\frac{16}{40}-\frac{15}{40}\right)=\frac{1}{40}$

⑬ $-\left(-\frac{3}{8}\right)+\left(-\frac{2}{5}\right)=\frac{3}{8}-\frac{2}{5}=\frac{15}{40}-\frac{16}{40}$

$=-\left(\frac{16}{40}-\frac{15}{40}\right)=-\frac{1}{40}$

⑭ $-\left(-\frac{3}{8}\right)-\left(-\frac{2}{5}\right)=\frac{3}{8}+\frac{2}{5}=\frac{15}{40}+\frac{16}{40}=\frac{31}{40}$

⑮ $-\frac{2}{3}+\left(-\frac{2}{7}\right)=-\frac{2}{3}-\frac{2}{7}=-\frac{14}{21}-\frac{6}{21}$

$=-\left(\frac{14}{21}+\frac{6}{21}\right)=-\frac{20}{21}$

⑯ $-\left(-\frac{1}{2}\right)-\left(-\frac{1}{6}\right)=\frac{1}{2}+\frac{1}{6}=\frac{3}{6}+\frac{1}{6}=\frac{4}{6}=\frac{2}{3}$

⑰ $-\frac{1}{12}-\left(-\frac{3}{4}\right)=-\frac{1}{12}+\frac{3}{4}=-\frac{1}{12}+\frac{9}{12}$

$=+\left(\frac{9}{12}-\frac{1}{12}\right)=\frac{8}{12}=\frac{2}{3}$

⑱ $-\left(-\frac{5}{8}\right)+\left(-\frac{5}{6}\right)=\frac{5}{8}-\frac{5}{6}=\frac{15}{24}-\frac{20}{24}$

$=-\left(\frac{20}{24}-\frac{15}{24}\right)=-\frac{5}{24}$

K - 56

① 15	② −20	③ 28	④ −111	⑤ −0.1
⑥ −2.5	⑦ −0.8	⑧ 1.8	⑨ −20.8	⑩ 4.55
⑪ $\frac{2}{3}$	⑫ 2	⑬ $-3\frac{1}{2}$	⑭ $-2\frac{5}{7}$	⑮ $-1\frac{1}{4}$
⑯ $7\frac{1}{15}$	⑰ $2\frac{2}{15}$	⑱ $-2\frac{5}{12}$		

〈풀이〉

① $-(-8)-(-7)=8+7=15$

② $-6+(-14)=-6-14=-(6+14)=-20$

③ $-(-41)+(-13)=41-13=28$

④ $-234-(-123)=-234+123=-(234-123)=-111$

⑤ $-(-0.2)+(-0.3)=0.2-0.3=-(0.3-0.2)=-0.1$

⑥ $-1.7+(-0.8)=-1.7-0.8=-(1.7+0.8)=-2.5$

⑦ $-3.4-(-2.6)=-3.4+2.6=-(3.4-2.6)=-0.8$

⑧ $-(-1.52)-(-0.28)=1.52+0.28=1.8\not{0}$

⑨ $-4.8+(-16)=-4.8-16=-(4.8+16)=-20.8$

⑩ $-(-5)+(-0.45)=5-0.45=4.55$

⑪ $-\frac{2}{9}-\left(-\frac{8}{9}\right)=-\frac{2}{9}+\frac{8}{9}=+\left(\frac{8}{9}-\frac{2}{9}\right)=\frac{6}{9}=\frac{2}{3}$

⑫ $-\left(-\frac{4}{7}\right)-\left(-1\frac{3}{7}\right)=\frac{4}{7}+1\frac{3}{7}=1\frac{7}{7}=2$

⑬ $-2\frac{11}{12}+\left(-\frac{7}{12}\right)=-2\frac{11}{12}-\frac{7}{12}=-\left(2\frac{11}{12}+\frac{7}{12}\right)$

$=-2\frac{18}{12}=-2\frac{3}{2}=-3\frac{1}{2}$

⑭ $-\left(-1\frac{9}{14}\right)+\left(-4\frac{5}{14}\right)$

$=1\frac{9}{14}-4\frac{5}{14}=-\left(4\frac{5}{14}-1\frac{9}{14}\right)$

$=-\left(3\frac{19}{14}-1\frac{9}{14}\right)=-2\frac{10}{14}=-2\frac{5}{7}$

⑮ $-\frac{7}{12}+\left(-\frac{2}{3}\right)=-\frac{7}{12}-\frac{2}{3}=-\frac{7}{12}-\frac{8}{12}$

$=-\left(\frac{7}{12}+\frac{8}{12}\right)=-\frac{15}{12}$

$=-\frac{5}{4}=-1\frac{1}{4}$

⑯ $-\left(-2\frac{9}{10}\right)-\left(-4\frac{1}{6}\right)=2\frac{9}{10}+4\frac{1}{6}=2\frac{27}{30}+4\frac{5}{30}$

$=6\frac{32}{30}=6\frac{16}{15}=7\frac{1}{15}$

⑰ $-\frac{2}{3}-(-2.8)=-\frac{2}{3}+2.8=-\frac{2}{3}+2\frac{4}{5}$

$=-\frac{10}{15}+2\frac{12}{15}=+\left(2\frac{12}{15}-\frac{10}{15}\right)$

$=2\frac{2}{15}$

⑱ $-(-0.75)+\left(-3\frac{1}{6}\right)=0.75-3\frac{1}{6}=\frac{3}{4}-3\frac{1}{6}$

$=\frac{9}{12}-3\frac{2}{12}=-\left(3\frac{2}{12}-\frac{9}{12}\right)$

$=-\left(2\frac{14}{12}-\frac{9}{12}\right)=-2\frac{5}{12}$

K - 57

① 1	② −1	③ −2	④ 6	⑤ 15
⑥ −1	⑦ −15	⑧ 6	⑨ −19	⑩ 13
⑪ −17	⑫ −7	⑬ 2	⑭ −8	⑮ −5
⑯ 9	⑰ −10			

〈풀이〉

※ 덧셈과 뺄셈이 혼합된 식의 계산은 괄호를 푼 후, 앞에서부터 차례대로 계산한다.

① $-4-3-(-8)=-4-3+8=-7+8=1$

② $6+(-4)-3=6-4-3=2-3=-1$

③ $-(-5)-9+2=5-9+2=-4+2=-2$

④ $-(-4)+(-5)+7=4-5+7=-1+7=6$

⑤ $8-(-1)-(-6)=8+1+6=9+6=15$

⑥ $-(-1)-5-(-3)=1-5+3=-4+3=-1$

⑦ $(-5)+(-6)+(-4)=-5-6-4=-11-4=-15$

⑧ $-(-2)-(-7)+(-3)=2+7-3=9-3=6$

⑨ $5+(-18)-6=5-18-6=-13-6=-19$

⑩ $-4-(-2)-(-15)=-4+2+15=-2+15=13$

⑪ $-(-15)+(-13)+(-19)=15-13-19$
$=2-19=-17$

⑫ $5+(-8)+9+(-13)=5-8+9-13$
$=-3+9-13$
$=6-13=-7$

⑬ $-7+(-4)-(-16)-3=-7-4+16-3$
$=-11+16-3$
$=5-3=2$

⑭ $-(-11)+(-7)-20-(-8)=11-7-20+8$
$=4-20+8$
$=-16+8=-8$

⑮ $4+(-9)-(-8)+7-15=4-9+8+7-15$
$=-5+8+7-15$
$=3+7-15=10-15=-5$

⑯ $-5-(-7)-10+(-3)-(-20)$
$=-5+7-10-3+20=2-10-3+20$
$=-8-3+20=-11+20=9$

⑰ $-(-6)-9-(-8)+(-11)+(-4)$
$=6-9+8-11-4=-3+8-11-4$
$=5-11-4=-6-4=-10$

K - 58

① $-\frac{3}{10}$ ② $-\frac{2}{9}$ ③ $-\frac{5}{14}$ ④ $1\frac{2}{3}$ ⑤ $-1\frac{1}{12}$
⑥ $-\frac{7}{90}$ ⑦ $\frac{2}{3}$ ⑧ $-1\frac{5}{18}$ ⑨ $-\frac{5}{8}$ ⑩ $\frac{13}{45}$

〈풀이〉

① $-\frac{1}{10}-\left(-\frac{7}{10}\right)-\frac{9}{10}=-\frac{1}{10}+\frac{7}{10}-\frac{9}{10}$
$=\frac{6}{10}-\frac{9}{10}=-\frac{3}{10}$

② $-\left(-\frac{4}{9}\right)-\left(-\frac{2}{9}\right)-\frac{8}{9}=\frac{4}{9}+\frac{2}{9}-\frac{8}{9}$
$=\frac{6}{9}-\frac{8}{9}=-\frac{2}{9}$

③ $-\left(-\frac{11}{14}\right)-\frac{13}{14}+\left(-\frac{3}{14}\right)=\frac{11}{14}-\frac{13}{14}-\frac{3}{14}$
$=-\frac{2}{14}-\frac{3}{14}=-\frac{5}{14}$

④ $\frac{13}{15}-\left(-\frac{8}{15}\right)-\left(-\frac{4}{15}\right)=\frac{13}{15}+\frac{8}{15}+\frac{4}{15}$
$=\frac{21}{15}+\frac{4}{15}$
$=\frac{25}{15}=\frac{5}{3}=1\frac{2}{3}$

⑤ $\left(-\frac{7}{12}\right)+\left(-\frac{11}{12}\right)-\left(-\frac{5}{12}\right)=-\frac{7}{12}-\frac{11}{12}+\frac{5}{12}$
$=-\frac{18}{12}+\frac{5}{12}$
$=-\frac{13}{12}=-1\frac{1}{12}$

⑥ $-\left(-\frac{1}{5}\right)+\frac{2}{9}-\frac{1}{2}=\frac{1}{5}+\frac{2}{9}-\frac{1}{2}=\frac{18}{90}+\frac{20}{90}-\frac{45}{90}$
$=\frac{38}{90}-\frac{45}{90}=-\frac{7}{90}$

⑦ $\frac{1}{3}+\left(-\frac{5}{12}\right)-\left(-\frac{3}{4}\right)=\frac{1}{3}-\frac{5}{12}+\frac{3}{4}$
$=\frac{4}{12}-\frac{5}{12}+\frac{9}{12}$
$=-\frac{1}{12}+\frac{9}{12}=\frac{8}{12}=\frac{2}{3}$

⑧ $\left(-\frac{1}{3}\right)+\left(-\frac{1}{2}\right)-\frac{4}{9}=-\frac{1}{3}-\frac{1}{2}-\frac{4}{9}$
$=-\frac{6}{18}-\frac{9}{18}-\frac{8}{18}$
$=-\frac{15}{18}-\frac{8}{18}=-\frac{23}{18}=-1\frac{5}{18}$

⑨ $-\left(-\frac{5}{12}\right)-\frac{1}{6}+\left(-\frac{7}{8}\right)=\frac{5}{12}-\frac{1}{6}-\frac{7}{8}$
$=\frac{10}{24}-\frac{4}{24}-\frac{21}{24}$
$=\frac{6}{24}-\frac{21}{24}=-\frac{15}{24}=-\frac{5}{8}$

⑩ $\left(-\frac{1}{9}\right)-\left(-\frac{11}{15}\right)+\left(-\frac{1}{3}\right)=-\frac{1}{9}+\frac{11}{15}-\frac{1}{3}$
$=-\frac{5}{45}+\frac{33}{45}-\frac{15}{45}$
$=\frac{28}{45}-\frac{15}{45}=\frac{13}{45}$

K - 59

① -18 ② 16 ③ -27 ④ -13 ⑤ 7
⑥ -7 ⑦ 3.5 ⑧ -12 ⑨ $-\frac{1}{12}$ ⑩ $-\frac{1}{2}$
⑪ $2\frac{11}{28}$ ⑫ $1\frac{1}{24}$ ⑬ $-\frac{1}{4}$ ⑭ $5\frac{7}{10}$

〈풀이〉

① $-8-(-20)+(-30)=-8+20-30=12-30=-18$

② $-(-12)+(-19)-(-23)=12-19+23=-7+23=16$

③ $15+(-8)+6+(-40)=15-8+6-40=7+6-40$
$=13-40=-27$

④ $-(-6)-(-7)+(-45)+19=6+7-45+19$
$=13-45+19$
$=-32+19=-13$

⑤ $-9+(-9)-(-30)+(-25)+20$
$=-9-9+30-25+20=-18+30-25+20$
$=12-25+20=-13+20=7$

⑥ $13-(-7)+(-29)+18+(-16)$
$=13+7-29+18-16=20-29+18-16$
$=-9+18-16=9-16=-7$

⑦ $-6-(-0.5)-(-17)-8=-6+0.5+17-8$
$=-5.5+17-8$
$=11.5-8=3.5$

⑧ $-(-10)+(-4.5)+(-6)-(-0.5)-12$
$=10-4.5-6+0.5-12=5.5-6+0.5-12$
$=-0.5+0.5-12$
$=0-12=-12$

⑨ $-\frac{1}{4}-\left(-\frac{5}{6}\right)-\frac{2}{3}=-\frac{1}{4}+\frac{5}{6}-\frac{2}{3}=-\frac{3}{12}+\frac{10}{12}-\frac{8}{12}$
$=\frac{7}{12}-\frac{8}{12}=-\frac{1}{12}$

⑩ $\frac{1}{10}+\frac{3}{10}+\left(-\frac{9}{10}\right)=\frac{1}{10}+\frac{3}{10}-\frac{9}{10}=\frac{4}{10}-\frac{9}{10}$
$=-\frac{5}{10}=-\frac{1}{2}$

⑪ $-2+\left(-\frac{3}{4}\right)-\left(-5\frac{1}{7}\right)=-2-\frac{3}{4}+5\frac{1}{7}$
$=-2\frac{3}{4}+5\frac{1}{7}=-2\frac{21}{28}+5\frac{4}{28}$
$=-2\frac{21}{28}+4\frac{32}{28}=2\frac{11}{28}$

⑫ $-\left(-3\frac{1}{8}\right)-1\frac{1}{3}+\left(-\frac{3}{4}\right)$
$=3\frac{1}{8}-1\frac{1}{3}-\frac{3}{4}=3\frac{3}{24}-1\frac{8}{24}-\frac{18}{24}$
$=2\frac{27}{24}-1\frac{8}{24}-\frac{18}{24}=1\frac{19}{24}-\frac{18}{24}=1\frac{1}{24}$

⑬ $1\frac{1}{6}+(-5)-\left(-3\frac{7}{12}\right)=1\frac{1}{6}-5+3\frac{7}{12}$
$=1\frac{2}{12}-4\frac{12}{12}+3\frac{7}{12}$
$=-3\frac{10}{12}+3\frac{7}{12}=-\frac{3}{12}=-\frac{1}{4}$

⑭ $-\left(-5\frac{1}{3}\right)+\left(-1\frac{4}{5}\right)-\left(-2\frac{1}{6}\right)$
$=5\frac{1}{3}-1\frac{4}{5}+2\frac{1}{6}=5\frac{10}{30}-1\frac{24}{30}+2\frac{5}{30}$
$=4\frac{40}{30}-1\frac{24}{30}+2\frac{5}{30}=3\frac{16}{30}+2\frac{5}{30}$
$=5\frac{21}{30}=5\frac{7}{10}$

K - 60

① -5	② -2	③ 1.64	④ 0	⑤ -7.16
⑥ 9	⑦ $2\frac{2}{3}$	⑧ $-5\frac{1}{20}$	⑨ $8\frac{3}{40}$	⑩ $-5\frac{1}{3}$

〈풀이〉

※ 덧셈과 뺄셈이 혼합된 식의 계산은 괄호를 푼 후, 양수는 양수끼리 음수는 음수끼리 계산할 수도 있다.

① $6+(-2.5)+7+(-15.5)=6-2.5+7-15.5$
$=6+7-2.5-15.5$
$=13-18=-5$

② $-(-0.3)+(-3)-2-(-2.7)=0.3-3-2+2.7$
$=0.3+2.7-3-2$
$=3-5=-2$

③ $-5-(-7.04)-(-2.6)+(-3)$
$=-5+7.04+2.6-3=-5-3+7.04+2.6$
$=-8+9.64=1.64$

④ $4.21+(-2)-(-6.79)+(-6)-3$
$=4.21-2+6.79-6-3$
$=4.21+6.79-2-6-3$
$=11-11=0$

⑤ $-4-(-4.5)+(-8)-5-(-5.34)$
$=-4+4.5-8-5+5.34$
$=-4-8-5+4.5+5.34$
$=-17+9.84=-7.16$

⑥ $-(-9)+(-8)+10+(-6)-(-4)$
$=9-8+10-6+4=9+10+4-8-6$
$=23-14=9$

⑦ $2\frac{5}{6}+\left(-\frac{5}{12}\right)+\frac{1}{4}$
$=2\frac{5}{6}-\frac{5}{12}+\frac{1}{4}=2\frac{10}{12}-\frac{5}{12}+\frac{3}{12}$
$=2\frac{10}{12}+\frac{3}{12}-\frac{5}{12}=2\frac{13}{12}-\frac{5}{12}=2\frac{8}{12}=2\frac{2}{3}$

⑧ $-\frac{3}{4}+2\frac{2}{5}+\left(-6\frac{7}{10}\right)$
$=-\frac{3}{4}+2\frac{2}{5}-6\frac{7}{10}=-\frac{15}{20}+2\frac{8}{20}-6\frac{14}{20}$
$=-\frac{15}{20}-6\frac{14}{20}+2\frac{8}{20}=-6\frac{29}{20}+2\frac{8}{20}$
$=-4\frac{21}{20}=-5\frac{1}{20}$

⑨ $-\left(-5\frac{1}{8}\right)+\left(-\frac{3}{10}\right)+3\frac{1}{4}$
$=5\frac{1}{8}-\frac{3}{10}+3\frac{1}{4}=5\frac{5}{40}-\frac{12}{40}+3\frac{10}{40}$
$=5\frac{5}{40}+3\frac{10}{40}-\frac{12}{40}=8\frac{15}{40}-\frac{12}{40}=8\frac{3}{40}$

⑩ $-4\frac{1}{2}-\left(-1\frac{1}{3}\right)+\left(-2\frac{1}{6}\right)$

$=-4\frac{1}{2}+1\frac{1}{3}-2\frac{1}{6}=-4\frac{3}{6}+1\frac{2}{6}-2\frac{1}{6}$

$=-4\frac{3}{6}-2\frac{1}{6}+1\frac{2}{6}=-6\frac{4}{6}+1\frac{2}{6}$

$=-5\frac{2}{6}=-5\frac{1}{3}$

• 성취도 테스트

K1 - ①

(1) -9 (2) 6 (3) -25 (4) -300 (5) -2.7
(6) 1.3 (7) -5.03

〈풀이〉

(1) $6-15=-(15-6)=-9$
(2) $-18+24=+(24-18)=6$
(3) $-50+25=-(50-25)=-25$
(4) $-200-100=-(200+100)=-300$
(5) $0.3-3=-(3-0.3)=-2.7$
(6) $-1.3+2.6=+(2.6-1.3)=1.3$
(7) $-4.5-0.53=-(4.5+0.53)=-5.03$

K1 - ②

(8) $-1\frac{1}{3}$ (9) $3\frac{2}{3}$ (10) $-\frac{2}{5}$ (11) $-\frac{17}{24}$ (12) $-5\frac{7}{15}$
(13) $3\frac{1}{3}$

〈풀이〉

(8) $-\frac{5}{9}-\frac{7}{9}=-\left(\frac{5}{9}+\frac{7}{9}\right)=-\frac{12}{9}=-\frac{4}{3}=-1\frac{1}{3}$

(9) $-3+6\frac{2}{3}=+\left(6\frac{2}{3}-3\right)=3\frac{2}{3}$

(10) $2\frac{4}{5}-3\frac{1}{5}=-\left(3\frac{1}{5}-2\frac{4}{5}\right)=-\left(2\frac{6}{5}-2\frac{4}{5}\right)=-\frac{2}{5}$

(11) $-\frac{7}{8}+\frac{1}{6}=-\frac{21}{24}+\frac{4}{24}=-\left(\frac{21}{24}-\frac{4}{24}\right)=-\frac{17}{24}$

(12) $-4\frac{2}{3}-\frac{4}{5}=-4\frac{10}{15}-\frac{12}{15}=-\left(4\frac{10}{15}+\frac{12}{15}\right)$

$=-4\frac{22}{15}=-5\frac{7}{15}$

(13) $-1\frac{4}{15}+4\frac{3}{5}=-1\frac{4}{15}+4\frac{9}{15}=+\left(4\frac{9}{15}-1\frac{4}{15}\right)$

$=3\frac{5}{15}=3\frac{1}{3}$

K1 - ③

(14) 9 (15) -1 (16) -6 (17) 0 (18) -2
(19) -35

〈풀이〉

(14) $4-5+10=-1+10=9$
(15) $-9+15-7=6-7=-1$
(16) $8+3-20+3=11-20+3=-9+3=-6$
(17) $-7-14+8+13=-21+8+13=-13+13=0$
(18) $15-20+5-10+8=-5+5-10+8=0-10+8$
$=-10+8=-2$
(19) $-20+30+10-30+15-40$
$=10+10-30+15-40=20-30+15-40$
$=-10+15-40=5-40=-35$

K1 - ④

(20) $-\frac{1}{8}$ (21) -3 (22) $4\frac{2}{3}$ (23) $-1\frac{1}{18}$ (24) $-3\frac{5}{8}$
(25) $-3\frac{7}{8}$

〈풀이〉

(20) $\frac{1}{8}+\frac{3}{8}-\frac{5}{8}=\frac{4}{8}-\frac{5}{8}=-\frac{1}{8}$

(21) $-4\frac{1}{3}+1\frac{2}{3}-\frac{1}{3}=-3\frac{4}{3}+1\frac{2}{3}-\frac{1}{3}=-2\frac{2}{3}-\frac{1}{3}=-3$

(22) $\frac{5}{9}-2\frac{7}{9}+6\frac{8}{9}=-2\frac{2}{9}+6\frac{8}{9}=4\frac{6}{9}=4\frac{2}{3}$

(23) $-\frac{2}{3}-\frac{5}{6}+\frac{4}{9}=-\frac{12}{18}-\frac{15}{18}+\frac{8}{18}=-\frac{27}{18}+\frac{8}{18}$

$=-\frac{19}{18}=-1\frac{1}{18}$

(24) $4-1\frac{1}{4}-6\frac{3}{8}=3\frac{8}{8}-1\frac{2}{8}-6\frac{3}{8}=2\frac{6}{8}-6\frac{3}{8}$

$=2\frac{6}{8}-5\frac{11}{8}=-3\frac{5}{8}$

(25) $-1\frac{1}{6}-1\frac{3}{8}-1\frac{1}{3}=-1\frac{4}{24}-1\frac{9}{24}-1\frac{8}{24}$

$=-2\frac{13}{24}-1\frac{8}{24}=-3\frac{21}{24}=-3\frac{7}{8}$

K1 - ⑤

(26) -9 (27) 11 (28) -73 (29) -17 (30) 5.3
(31) 7 (32) -3.3

〈풀이〉

(26) $4+(-13)=4-13=-(13-4)=-9$

(27) $-19-(-30)=-19+30=+(30-19)=11$

(28) $-25+(-48)=-25-48=-(25+48)=-73$

(29) $-(-239)+(-256)=239-256$
$=-(256-239)=-17$

(30) $0.3-(-5)=0.3+5=5.3$

(31) $-(-4.5)-(-2.5)=4.5+2.5=7.\not{0}$

(32) $-3.54-(-0.24)=-3.54+0.24$
$=-(3.54-0.24)=-3.3\not{0}$

K1 - ⑥

(33) $3\frac{1}{3}$ (34) $-\frac{1}{3}$ (35) $10\frac{1}{3}$ (36) $\frac{5}{6}$ (37) $-4\frac{7}{18}$
(38) $-6\frac{1}{2}$

〈풀이〉

(33) $-5-\left(-8\frac{1}{3}\right)=-5+8\frac{1}{3}=+\left(8\frac{1}{3}-5\right)=3\frac{1}{3}$

(34) $-\left(-\frac{2}{9}\right)+\left(-\frac{5}{9}\right)=\frac{2}{9}-\frac{5}{9}=-\left(\frac{5}{9}-\frac{2}{9}\right)=-\frac{3}{9}=-\frac{1}{3}$

(35) $8\frac{1}{6}-\left(-2\frac{1}{6}\right)=8\frac{1}{6}+2\frac{1}{6}=10\frac{2}{6}=10\frac{1}{3}$

(36) $-\left(-\frac{1}{2}\right)-\left(-\frac{1}{3}\right)=\frac{1}{2}+\frac{1}{3}=\frac{3}{6}+\frac{2}{6}=\frac{5}{6}$

(37) $2\frac{4}{9}+\left(-6\frac{5}{6}\right)=2\frac{4}{9}-6\frac{5}{6}=2\frac{8}{18}-6\frac{15}{18}$
$=-\left(6\frac{15}{18}-2\frac{8}{18}\right)=-4\frac{7}{18}$

(38) $-3\frac{5}{6}+\left(-2\frac{2}{3}\right)=-3\frac{5}{6}-2\frac{2}{3}=-3\frac{5}{6}-2\frac{4}{6}$
$=-\left(3\frac{5}{6}+2\frac{4}{6}\right)$
$=-5\frac{9}{6}=-5\frac{3}{2}=-6\frac{1}{2}$

K1 - ⑦

(39) -5 (40) -6 (41) 2 (42) 5 (43) -1
(44) -3

〈풀이〉

(39) $-7+(-3)-(-5)=-7-3+5=-10+5=-5$

(40) $-(-12)-(-22)+(-40)=12+22-40$
$=34-40=-6$

(41) $-10-(-11)+(-12)-(-13)$
$=-10+11-12+13=1-12+13=-11+13=2$

(42) $5+(-16)+(-4)+20=5-16-4+20=-11-4+20$
$=-15+20=5$

(43) $-(-4)-(-3)-10-(-7)+(-5)$
$=4+3-10+7-5=7-10+7-5$
$=-3+7-5=4-5=-1$

(44) $1+(-2)-(-3)+(-4)-(-5)+(-6)$
$=1-2+3-4+5-6=-1+3-4+5-6$
$=2-4+5-6=-2+5-6=3-6=-3$

K1 - ⑧

(45) $-1\frac{2}{5}$ (46) $\frac{1}{2}$ (47) $-\frac{7}{8}$ (48) $-1\frac{1}{8}$ (49) $1\frac{1}{3}$
(50) $-2\frac{3}{5}$

〈풀이〉

(45) $-6\frac{4}{5}-\left(-3\frac{1}{5}\right)+2\frac{1}{5}=-6\frac{4}{5}+3\frac{1}{5}+2\frac{1}{5}$
$=-3\frac{3}{5}+2\frac{1}{5}=-1\frac{2}{5}$

(46) $\frac{3}{10}+\left(-\frac{7}{10}\right)-\left(-\frac{9}{10}\right)=\frac{3}{10}-\frac{7}{10}+\frac{9}{10}$
$=-\frac{4}{10}+\frac{9}{10}=\frac{5}{10}=\frac{1}{2}$

(47) $-\left(-\frac{7}{8}\right)-2\frac{3}{8}-\left(-\frac{5}{8}\right)$
$=\frac{7}{8}-2\frac{3}{8}+\frac{5}{8}=\frac{7}{8}-1\frac{11}{8}+\frac{5}{8}$
$=-1\frac{4}{8}+\frac{5}{8}=-\frac{12}{8}+\frac{5}{8}=-\frac{7}{8}$

(48) $1\frac{3}{8}+\left(-5\frac{1}{2}\right)-(-3)=1\frac{3}{8}-5\frac{1}{2}+3$
$=1\frac{3}{8}-5\frac{4}{8}+3=-4\frac{1}{8}+3=-1\frac{1}{8}$

(49) $-\left(-\frac{1}{6}\right)-1\frac{1}{3}-\left(-2\frac{1}{2}\right)$
$=\frac{1}{6}-1\frac{1}{3}+2\frac{1}{2}=\frac{1}{6}-1\frac{2}{6}+2\frac{3}{6}$
$=-1\frac{1}{6}+2\frac{3}{6}=1\frac{2}{6}=1\frac{1}{3}$

(50) $-2\frac{1}{2}+\frac{3}{5}+\left(-\frac{7}{10}\right)$
$=-2\frac{1}{2}+\frac{3}{5}-\frac{7}{10}=-2\frac{5}{10}+\frac{6}{10}-\frac{7}{10}$
$=-1\frac{15}{10}+\frac{6}{10}-\frac{7}{10}=-1\frac{9}{10}-\frac{7}{10}$
$=-1\frac{16}{10}=-1\frac{8}{5}=-2\frac{3}{5}$